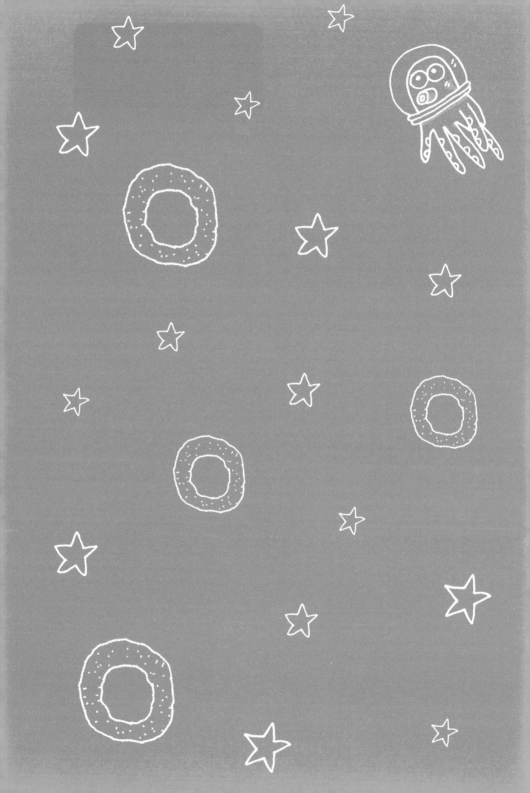

目錄

爸爸的背好寬！

作者的話

讓自己成為
活用科學的人！

　　各位小朋友，你是否有過這些疑問——「為什麼要學這個？」、「這個知識在日常生活中派得上用場嗎？」

　　本書主角金多智也有相同的疑問，他是個好奇心旺盛的小男孩，每天都向爸爸、媽媽和老師提出各式各樣的問題。從多智提出的問題中，我們可以看到現代教育經常面臨的批評——學校總是教一些無法運用在現實生活中的知識。

　　在本書中，多智經常對生活中大大小小的事情提出疑問，例如燈泡裡的鎢絲為什麼用久了會燒掉？電池如何儲存和釋放電力？透過提出問題與尋找答案，讓多智學到應用在日常生活中的科學原理，這段過程稱為「創意的科學教育」。這種學習方式不僅跳脫制式的教育框架，同時融合了科技、工程等領域的知識，進而可能激發出嶄新的創意。

如今全球各領域都朝向「多元融合」發展，像是智慧型手機、平板電腦等產品，均結合了工程、科學等方面的技術，可說是「融合」的代表性產物，也讓我們的社會和生活有了極大的改變。

　　世界各國的教育也逐漸朝「多元融合」的目標發展，以臺灣近年興起的「跨學科教育（STEAM）」為例，即是結合科學（Science）、科技（Technology）、工程（Engineering）、藝術（Arts）和數學（Mathematics），不僅培養學生具備全方位的思考力，還能啟發創意性的問題解決力。以往的教育方式讓學生有如待在庭院裡的草地上學習，跨學科教育則是結合多個領域的知識，讓學生彷彿身處於廣闊的森林中探索，開闊視野、增廣見聞，得以不斷增進自己的能力。

　　如果想讓自己成為能活用科學，而不是被科學束縛的人，可以仿效本書主角金多智，對生活中的大小事都抱持好奇心。也許這樣你就能發現，科學不是寫在課本或考卷上的死板科目，而是與生活密不可分的趣味知識。希望大家都能成為充滿觀察力和想像力的人！

徐志源

事件 1

超能力者

也要考試！

我的名字叫做金多智，今年10歲，就讀冷泉國小四年級。從名字來看，我應該是全世界擁有最多智慧的人，可是因為我的考試成績總是吊車尾，所以班上同學都叫我「金無智」。

　　雖然不喜歡「金無智」這個綽號，但是我不會難過，因為班上同學只是不了解我，真正的我其實很喜歡學習，所以非常有知識，是名副其實的「多智」喔！不過我學到的知識都對考試沒幫助，所以成績才會慘兮兮。

　　我們家有爸爸、媽媽、姐姐和我四個人，爸爸、媽媽經常說我們家是非常特別的「科學家庭」，全家人因為科學而緊密的團結在一起。為什麼呢？這和我們家人的職業有關。

　　其實我一直到國小三年級為止，都認為爸爸是專門研究機器人的博士，而且要任命我為祕密機器人的駕駛員，所以他要求的事，我都會全力以赴。

但是升上四年級後，我終於發現爸爸是在普通的電器公司上班，只是一般的職員，不是什麼博士，研究的更不是機器人，只是冰箱、電視、冷氣等家電用品。發現自己被爸爸騙了之後，當時我氣得好幾天都不和他說話。

　　我的媽媽是學校的自然老師，每當我提出與科學有關的疑問時，她總是可以迅速回答我。由於我的好奇心比別人旺盛，媽媽因此深信我能像愛迪生和愛因斯坦那樣，成為一位偉大的科學家。

　　不過我的自然科考試成績從來沒有超過80分，因為我知道的知識從來沒有出現在考卷上。媽媽每次看到我的考卷都會嘆氣，雖然不會罵我，但是她

好像在親師座談會上和老師談了很久。成績不能代表一切，但是這樣的我，真的能成為科學家嗎？

　　我的姐姐金有娜是國中八年級的學生，和我不一樣，她的考試成績總是很好，而且就讀學校的資優班，所以爸爸、媽媽都叫她「科學小天才」，不過姐姐其實對課本以外的知識一竅不通。而且姐姐最近還多了一個祕密，那就是她的眉毛是假的。

　　雖然姐姐很努力的自己畫眉毛，但是怎麼看都很不自然，就像在臉上貼了兩片海苔一樣奇怪，每次看到她的眉毛，我都會想起在新聞節目上看過的，那些把眉毛也剃掉的和尚。至於姐姐的眉毛為什麼是假的，是因為我不小心從身體放出電，把她原來的眉毛電焦了！

南無阿彌陀佛。

詳情請見第一集。

　　沒錯，我是一位超能力者！某天晚上，有一顆和鼻屎一樣大的隕石掉進我們家的院子裡，當我把這顆小隕石放進鼻孔後，我就擁有了許多不可思議的超能力。

　　我可以從手放出電，不但會讓電池冒出火花，還能讓檯燈和吸塵器在沒插電的情況下也可以運作。我的身體能讓光穿過，變成全身透明的隱形人，身上穿的衣服就像飄浮在空中。我的眼睛可以發射紅外線，只要眨眼，就能切換電視的頻道。我可以知道別人的想法，不管爸爸、媽媽在想什麼，都會自動跑進我的腦中。

　　這些超能力都是在我學會新的科學知識後，自動降臨到我的身上，不過它們都不完美，經常在關鍵時刻「掉漆」。後來我發現，我必須學會更多、更充實的知識，才能讓這些超能力變得完美。

　　閱讀是獲得知識的方法之一，所以我最近經常去書店和圖書館，找了很多書來看。除了可以讓我

擁有超能力的科學書，我還看了很多不同主題和類型的書籍，因為我認為，其他方面的知識應該也對我有益，能讓我盡快成為一名可以拯救世界和幫助人類的超級英雄。

「人的心無法被強制打開，而是靠自己的意志打開。」這是我最近讀的書中寫的一句話。我覺得這句話很有道理，我最近都在想它的意思，因此忘了很重要的事……

「老師上週說過，這堂課要數學小考，請大家把課本收起來。」

在上課中發呆的我，被老師突如其來的這句話拉回現實。

慘了！我完全忘記這件事了！

我驚慌的環顧四周，看到同學們雖然都很心不甘情不願的樣子，但是似乎都記得今天要數學小考這件事，沒有人像我這樣緊張、擔心。

難道只有我不記得要小考嗎？而且偏偏是我不擅長的數學！

我用發抖的手接過老師發下來的考卷，大致看過一遍題目後，我只覺得腦袋一片空白。寫考卷時，我還覺得心跳加速、呼吸困難──因為整張考卷上，我會寫的只有五題。

唉！只有五題，表示我又要被老師責罵、被同學取笑了吧？光是想到發回考卷時的丟臉場景，我就難過得快哭出來了。

對了，還有媽媽！她那麼希望我成為偉大的科學家，如果看到我這張只會寫五題的數學考卷，媽媽一定會很失望。

在我想著之後要把考卷藏在哪裡，才不會被媽媽發現時，我突然聽到從某處傳來很多有點耳熟的聲音。

答案是30嗎？不對，應該是40。

這題到底是什麼意思？

糟糕，這次肯定會不及格！

我想了想，發現這些是班上同學的聲音，難怪我覺得耳熟。

真是的！誰這麼大膽，敢在考試的時候說話？不怕被老師罵嗎？居然還把答案說出來！

我好奇的趁老師不注意時，偷偷回頭看，想知道到底是哪些人這麼膽大包天。可是我卻發現大家都在埋頭寫考卷，沒有任何人在說話。

我明白了！知道別人想法的超能力又降臨到我身上了！

可是超能力為什麼要挑考試的時候來？同學們的想法一直跑進我的腦袋裡，讓我無法集中精神，

再這樣下去，連原本會寫的五題都要寫錯了！

　　我鬱悶的雙手抱頭，希望超能力趕快消失。

　　此時，我看到坐在講臺上的老師手裡拿著考卷，有時搖頭或點頭，似乎是在研究考試的題目，忽然間——

　　第一題的答案是三角形，第二題的答案是10，第三題的答案是40……

　　雖然和同學們的想法混雜在一起，不過我經常被老師罵，對老師的口氣和聲音非常熟悉，所以我可以清楚分辨這是老師的想法。

　　老師也和我們一起寫考卷嗎？那這些跑進我腦袋裡的想法，肯定是正確答案！

　　我只考慮了一會兒，就立刻把老師想的答案一一寫下來。

　　雖然覺得這樣做不好，但是我不想再因為考試成績太差而被大家取笑、被老師責罵了！

　　只有這一次，應該沒關係吧？

這張考卷的題目是不是出得太難了？這次應該沒人能考100分吧！

　　老師想完這句話後，立刻從椅子上站起來。「時間到！請從每排最後一位同學開始，把考卷往前傳。」

　　大部分同學在交卷時都發出哀號聲，然後討論這張考卷很難，或者互相對每一題的答案。我卻和他們不一樣，沒有做出這些舉動，只是在座位上想東想西。

　　雖然借助超能力來考試這件事，讓我有點緊張和不安，但是有了老師的答案，我這次的成績應該很好，不會再被大家取笑了吧！

　　隔天一上課，老師就準備發回昨天的小考考卷，但是不知道為什麼，她的表情非常嚴肅。

　　「大家都覺得這張考卷很難，對不對？我們班的平均分數是65分，85分以上的只有三個人，整體來說，成績並不算好。」

　　同學們驚訝和感嘆的聲音此起彼落，紛紛向老師抱怨題目真的很難。

　　老師拍了拍手，要大家安靜。

　　「把考卷發回去之前，老師要先說一件令我非常驚訝的事。」

聽完老師的話後，大家都睜大了眼睛，想知道到底是什麼事。

　　我也緊張得心臟怦怦跳，因為老師說完話後就一直看著我，難道是和我有關的事？

　　「金多智。」老師突然叫了我的名字。

　　「有！」我嚇得從椅子上跳了起來，不自覺的立正站好。

　　「你知道自己考幾分嗎？」

　　「不知道……」我的聲音越來越小，因為我有不好的預感。

　　「整張考卷你只錯了兩題，得到90分，是全班考最好的人。」

　　班上同學紛紛看向我，他們的表情都有如看到動物園裡的獅子站起來跳舞一樣驚訝，不敢相信那個「金無智」居然是全班成績最好的人。

　　這個前所未有的情況讓我立刻滿臉通紅，不知道如何是好，只能呆呆站著。

　　「原來你的數學這麼好，老師直到這次考試才知道。」

　　我能感覺到自己的表情很僵硬，心臟跳動的速度也越來越快，因為我的數學根本不好！我是用超能力才拿到90分！

即使老師誇獎我，我卻心虛得連「謝謝」都說不出口，也不敢看老師和同學，頭越垂越低，臉也越來越紅。

此時，老師拿起粉筆，在黑板上寫了一道數學題目。

「這是考卷上的第20題，金多智，請你上來講臺，在黑板上寫下你的算式和答案。」

原本吵雜的教室瞬間變得鴉雀無聲，同學們再次看向我，似乎是在期待我這個深藏不露的數學天才大展身手。

我只好硬著頭皮，走到黑板前，用發抖的手拿起粉筆。可是我連看都看不懂題目，更別說寫下算式和答案了。

「對不起，我不會。」我放下粉筆，臉色慘白的對老師說。

老師歪了歪頭，似乎有滿肚子的疑問，但還是讓我回到座位坐下。

「真奇怪，昨天考試的時候，金多智你沒有列出算式，卻能寫出答案，老師還以為你是用心算，可是為什麼你今天連答案都寫不出來？有誰知道第20題的答案是多少嗎？」

班上數學最好的宋熙珠此時舉起手。「答案是

0.424。」

「答對了。但是金多智昨天考卷上寫的是
0.414。另外，金多智第15題的答案是五分之二，
正確答案則是五分之三。」

「怎麼了嗎？」熙珠向老師提出疑問。

「老師昨天監考時，和大家一起寫了這張
考卷，但是我不小心算錯，把第20題的答案寫成
0.414，第15題的答案寫成五分之二。」

「金多智和老師寫錯了一樣的題目？而且連答案也錯得一模一樣？」熙珠睜大眼睛，不敢置信的看著老師。

老師點了點頭，接著表情嚴肅的看著我。

「金多智，老師不是因為你考了90分而驚訝，因為只要用功讀書，任何人都能得到90分。但奇怪的是，你怎麼會和老師錯一模一樣的題目，答案也一模一樣呢？」

我不知道怎麼回答老師的問題，只好低著頭，假裝自己也不知道為什麼，但其實我已經緊張得心臟快衝破胸膛了。

「難道你是超能力者，擁有可以知道老師想法的超能力嗎？」

老師的話讓我的臉迅速脹紅，雙手也不安的抓著褲子。

和坐立不安的我不同，班上同學聽到老師的話後，紛紛大笑出聲。

「老師，你說金多智是超能力者？哈哈哈！怎麼可能！」

教室內的氣氛因為同學們的笑聲而變得緩和，老師的表情也不再那麼嚴肅。

「我開玩笑的，也許我和金多智只是偶然寫錯

了一樣的題目，又偶然寫錯了一樣的答案。如果沒有證據，不能隨便懷疑別人。現在就請這次考得最好的金多智站起來，大家一起鼓掌恭喜他吧！」

雖然老師和同學都鼓掌恭喜我是全班成績最好的人，但是我只對自己的行為感到羞恥及慚愧，完全不覺得高興。

我錯了，我不該因為怕被老師責罵、被同學取笑，就利用超能力，把老師想的答案寫下來。

即使整張考卷只會寫五題，那也是我應該得到的結果，誰叫我忘記要數學小考這件事。

接下來的每節課，我都抱著彌補的心情，聚精會神的聽老師上課、寫筆記、劃重點、寫練習題，做每件事都非常認真。即使是下課時間，我也沒心情出去玩，只是坐在位置上，一直反省自己的所作所為。

小隕石賜給我這麼神奇的力量，肯定不希望我用它來為非作歹！我明明是想成為拯救世界、幫助人類的超級英雄，怎麼可以做出這種事！沒有人會想被靠超能力考試拿高分的超級英雄幫助！

我越想越後悔。

但是我也沒有向老師坦承，我是用超能力才考到90分的勇氣，而且老師肯定不會相信我說的話，

到時候我除了作弊，還會被冠上說謊的罪名，那麼
爸爸、媽媽、姐姐和其他同學會怎麼看待我？我真
的不敢想像！

「一步錯，步步錯。」這句話就是用來形容我
現在的情況。

在放學回家的路上，我又想起數學小考的事，
於是站在紅綠燈前，難過的流下眼淚。

忽然間，有人輕輕拍了我的肩膀，原來是我們班上最漂亮、最聰明的女生──宋熙珠。

　　「別在意，每個人都會遇到困難。」

　　「嗚……熙珠，謝謝你。」

　　這件事讓我學到，超能力不能隨便使用，一定要用在正確的時間和地點，而且要用來幫助別人，絕對不能為了自己而使用。

　　「人的心無法被強制打開，而是靠自己的意志打開。」

　　多虧熙珠在回家的路上安慰我，讓我的心情好多了，精神也因此振作起來。我非常感謝她，所以隔天下課時，我和熙珠分享了我在書上看到的這句話，不過她聽完後只是點點頭，就轉身和其他同學聊天了。

　　雖然我喜歡的這句話沒有感動到熙珠，不過我發現，自從那場驚天動地的數學小考後，熙珠下課時經常偷看我，我不但常感受到她的視線，當我們無意間四目相對時，熙珠都會慌張的立刻轉頭。

　　某天體育課結束後，我因為努力打籃球而流了很多汗，回到教室時，熙珠的想法突然因為超能力而跑進我的腦海裡──

　　金多智好帥喔！

他怎麼突然變得這麼帥？

我非常高興，所以轉頭對坐在我斜後方的熙珠笑了笑，結果她的臉立刻變得通紅，接著假裝若無其事的轉頭看窗外的風景，最後手忙腳亂的離開了教室。

下一節課的下課時，我忍不住問熙珠：「你喜歡我嗎？」

沒想到熙珠竟然脹紅著臉，氣呼呼的對我說：「少臭美！我才不喜歡你呢！」接著迅速跑回自己的座位。

雖然我早就透過超能力，知道了熙珠真正的想法，也知道她只是假裝生氣來掩飾害羞的情緒，但是聽到熙珠親口說不喜歡我，我還是受到很大的打擊。

回家後，我躺在客廳的沙發上，熙珠說的話就像山谷裡的回音，一直在我的耳邊迴響，讓我沮喪得連動都不想動，腦袋裡不停的胡思亂想。

此時，我突然想起放學前老師說的話。

「明天的自然課，每個人都要帶一顆洩了氣的球喔！」

那我明天應該可以空手去上學，因為我現在就像一顆洩了氣的球一樣無精打采。

不過說這種話可能會讓老師大發雷霆，罵我在強詞奪理，所以隔天上學前，我特地走進學校旁邊的文具店，但是架上只有充滿氣的球，沒有洩了氣的球。

我只好拿著架上充滿氣的球，走向結帳櫃臺。「老闆，請問你們有賣洩了氣的球嗎？」

「哈哈！那種球怎麼可能賣得出去！我們沒有洩了氣的球啦！」文具店老闆笑著揮揮手，

無奈的對我說。

　　沒辦法，我只好硬著頭皮，空手走進學校。

　　上自然課時，雖然老師沒有罵我忘記帶洩了氣的球這件事，卻用另一種方法，讓我同樣陷入束手無策的危機中。

　　「如果要讓洩了氣的球再次充滿氣，金多智，你知道要怎麼做嗎？不可以用嘴巴吹氣，也不能用打氣筒喔！」

　　可惜我還沒得到類似念力的超能力，否則應該可以完成這個不可能的任務。

　　我絞盡腦汁都想不到辦法，忽然間，我想到一個有趣的答案，老師或許會看在很好笑的分上原諒我。

　　「利用空氣就可以做到。」

　　「答對了！金多智，你真厲害！」

　　老師驚訝的為我鼓掌，班上同學也同樣驚訝的看著我，不過我才是最驚訝的人──我竟然歪打正著的猜對了！

　　「那麼，你應該知道用什麼方法吧？請你到講臺上，為大家示範你想到的方法。」

　　好不容易靠著運氣度過一道難關，老師的話又讓我陷入進退兩難的情況。

　　我根本不知道怎麼利用空氣，讓洩了氣的球再次充滿氣，看來我又要在同學面前丟臉了！

　　「金多智，快上來，大家都在等你。」

　　我只好硬著頭皮，慢慢走上講臺，接著用力坐到球上。

　　我想，或許放屁的時候，能把屁灌進球裡，這樣就能讓球充滿氣了。

　　老師看到我的動作後，沒有和剛才一樣鼓掌，只是臉色鐵青，渾身僵硬的站在原地。看來這次我猜錯了。

　　班上同學則是笑到快在地上打滾，讓我滿臉通

紅，十分難為情。

「金多智，你回座位坐下吧！接下來由老師示範，大家要仔細看喔！」

老師先在鍋子裡倒入一些水，接著把鍋子放在攜帶式瓦斯爐上，然後開火，不到一會兒，鍋子裡的水逐漸變熱。

「物體的體積在受熱後會膨脹，這次實驗就是運用這個原理。老師會把洩了氣的球放進熱水中，大家要好好觀察球在受熱後的變化。」

當老師把洩了氣的球放入鍋子中的熱水後，原本有點乾扁的球竟然慢慢變大，幾分鐘後，整顆球就變得圓滾滾的。

老師把球從鍋子裡拿出來，放在空氣中冷卻一會兒後，用手拿起並在地上拍打，飽滿紮實的拍擊聲，讓人一聽就知道球已經充滿了氣。

「是誰讓這顆球充滿了氣呢？」

熙珠率先舉手回答：「是空氣。」

「答對了。物體受熱時，組成物體的粒子會隨著溫度升高而增加振動的幅度，導致粒子間的距離變大，物體的體積也因此膨脹，我們稱這個現象為『熱脹冷縮』。

老師剛剛做的實驗就是運用熱脹冷縮的原理，

球內的空氣體積在受熱後會膨脹,所以洩了氣的球在內部空氣未冷卻前,可以暫時恢復膨脹的球體。

如果你們上體育課時,不小心把桌球踩凹,只要沒有破掉而讓內部空氣跑掉,就可以用同樣的原理和方式,讓桌球恢復原狀,這時就不用擔心球內空氣冷卻後桌球凹陷了。」

老師接著拿出鐵軌、電線桿和輪胎的圖片。

「其實我們的生活中,還有很多地方都運用到熱脹冷縮的原理。我們先看第一張圖,火車的軌道是由鋼鐵製成,仔細觀察後,可以發現它們不是緊密連接在一起,而是每隔一段距離,就有一小段空隙,有誰知道為什麼嗎?」

「為了省錢?」

「讓造型比較特殊?」

「其實根本沒什麼意義吧!」

同學們七嘴八舌,爭相發表自己的猜測。

「大家都答錯了。鋪設鐵軌時,之所以保持固定的距離,是為了讓鐵軌的位置不會改變。因為夏天時,受到炎熱的陽光照射,就像我們剛剛提到熱脹冷縮的原理,鐵軌的體積會因為受熱膨脹而變長,如果鋪設時是緊密連接在一起,鐵軌很容易因為膨脹擠壓而變形,增加火車脫離鐵軌的風險。

為了避免這種情況發生，保持固定的距離鋪設，能讓鐵軌即使因為受熱而膨脹，也還有伸縮的空間，不會因為擠壓而變形。」

　　老師指著第二和第三張圖，繼續說明。

　　「我們接著看第二張圖。在寒冷的冬天，電線桿間的電線看起來下垂幅度較小，在炎熱的夏天則下垂幅度較大，這也是因為電線的體積在受熱後會膨脹。

　　第三張圖也是同樣的道理。夏天時，輪胎裡的空氣通常會灌得比較少，也是因為輪胎受熱後，裡面的空氣體積會膨脹，灌比較少才能讓空氣有膨脹的空間，

避免爆胎等風險。」

老師又從身後拿出一張鐵塔的圖片。

「這是法國相當有名的艾菲爾鐵塔，它的高度有時低、有時高，你們知道為什麼嗎？其實是因為夏天時，受到炎熱天氣的影響，艾菲爾鐵塔的高度會增加約18公分，冬天時則會減少，這也是由於它的體積受熱而膨脹。」

班長江泰烈此時突然舉手發言。「老師，金多智自從剛剛答錯問題後，他的臉就一直又紅又腫，是不是也是因為受熱而膨脹？」

這句話讓整間教室充滿了笑聲，我卻覺得「熱」真是太可惡了，害我一直出糗。

　　老師敲了敲講桌，提醒大家停止笑鬧，集中精神上課。

　　「熱是能量的一種，除了可以提高物體的溫度，也能讓物體的狀態變化。有誰知道測量熱的器具是什麼嗎？」

　　「溫度計。」很多人都知道答案，爭先恐後的搶著發言。

　　「那有人知道第一個製造出溫度計的科學家是誰嗎？」

　　剛才還搶著舉手回答的同學們，紛紛把手放下，嘴巴像被拉鍊拉起來似的一聲不響。

　　「製造出溫度計的科學家就是透過自己製作的

天文望遠鏡，證明不是所有天體都繞著地球運行的義大利物理學家，大家知道是誰嗎？」

老師給了提示，但還是沒有人知道答案。

雖然我知道答案是伽利略，但是我不想回答，因為我不想再受到大家的矚目，而且其實非常有知識的我，不想因為這個簡單的問題而輕易洩露自己的實力。

「看來大家都不知道，那老師公布答案囉！答案是伽利略。他透過自己製作的天文望遠鏡，證明了不是太陽繞著地球運行，而是地球繞著太陽運行，這是波蘭天文學家哥白尼提出的『地動說』，伽利略則進一步為這個說法提出可靠的證據。

空氣

水位

水

伽利略在1593年時，製造出空氣溫度計，它是在玻璃容器內，插入一根末端是球形的細長玻璃管，藉由熱脹冷縮的原理，根據水位的升降來得知氣溫。」

老師在黑板上畫出一個插入玻璃容器內的細長玻璃管。

「如果細長玻璃管末端的球形部分受熱，空

氣的體積會增加，玻璃管內的水位因此下降。相反的，如果細長玻璃管末端的球形部分遇冷，空氣的體積會減少，玻璃管內的水位因此上升。這就是運用熱脹冷縮原理製作的空氣溫度計，也是現代溫度計的雛形。

雖然現在看起來，伽利略製造的空氣溫度計是相當簡單的設計，而且容易被其他因素影響而無法反映出真正的氣溫，不過在當時，這個空氣溫度計已經是相當驚人的發明。」

老師放下粉筆，對全班同學說：「我們今天學到了熱脹冷縮的原理，下次上課時，我們來學習關於冷的科學知識，就從日常生活中不可或缺的冰箱開始，請大家先了解冰箱為什麼能用低溫保存食物，下次上課時我們就來討論。」

聽到老師安排了回家作業，大家紛紛發出哀嚎聲，但是我卻非常高興，因為今天在課堂上學到了熱脹冷縮的原理，回家再

問媽媽冰箱為什麼能用低溫保存食物，這樣我就能一口氣學會兩個科學知識了！依照之前的慣例，超能力應該很快就會降臨到我身上，這次會是怎樣的超能力呢？我的嘴巴能噴出火或冰嗎？真是太期待了！

　　媽媽回家後，我迫不及待的跑去廚房找她。「媽媽，冰箱為什麼能用低溫保存食物？」

「因為它會哭啊！」媽媽一邊把購物袋裡的東西拿出來，一邊回答我的問題。

「冰箱會哭？」

原本以為媽媽是在開玩笑，沒想到她卻非常認真的向我解釋。

「你有聽過冰箱發出『嗚』的聲音吧？那是冰箱的壓縮機運轉時發出的聲音。冰箱的結構包括箱體、製冷系統和電氣系統，讓冰箱內保持低溫的是製冷系統。

製冷系統是由壓縮機、冷凝器、熱力膨脹閥、蒸發器這四個結構組成，名為冷媒的物質會在這些結構中，進行包括壓縮、冷凝、膨脹、蒸發的製冷循環，冰箱內就能保持低溫。」

我困惑的抓了抓頭，冰箱的原理真是深奧，難懂的名詞太多了！我決定待會兒再請媽媽仔細說明冰箱製冷系統的結構和原理，現在先從我好像聽過的名詞開始學習吧！

「自然老師曾經在課堂上講過『蒸發』這個名詞，我記得和水的

三態有關，它也和冰箱運作的原理有關係嗎？」

媽媽一邊削紅蘿蔔，一邊解釋。「沒錯，蒸發是液態變成氣態的現象，譬如液態的水受熱後會變成氣態的水蒸氣，這就是蒸發。夏天時，洗冷水澡會覺得涼快，是因為附著在皮膚上的水蒸發，同時帶走身體的熱。還有夏天時，媽媽在院子裡灑水，待在房間的你們會覺得比較涼爽，這也是水蒸發的同時，帶走了周遭的熱。

冰箱裡的蒸發器就是透過蒸發作用，讓液態的冷媒變成氣態，達到吸熱的效果，冰箱內才能保持低溫。」

原來蒸發的過程會把熱帶走，難怪冰箱裡可以保持低溫。可是仔細一想，我又對媽媽說的內容感到好奇了。

「媽媽，為什麼蒸發會把熱帶走？」

「金多智，你真是囉唆！蒸發的原理就是這樣，哪來這麼多『為什麼』！」從房間走到廚房，打開冰箱倒果汁的姐姐，突然說了這句話。

雖然姐姐想阻止我發問，不過為了學會更多科學知識，好讓超能力更完美，我絕對不會讓步！

「世界上哪有『就是這樣』的事！不去思考和探索，怎麼可能會知道『就是這樣』呢？」

我在姐姐的耳邊大聲怒吼，她趕緊搗起耳朵。

「金多智，你吵死了！媽媽，你快叫他閉嘴啦！」姐姐躲在媽媽身後說道。

媽媽摸摸姐姐的頭安撫她，接著溫柔的對我說：「多智，別再欺負姐姐了。有娜，多智說得對，世界上沒有『就是這樣』的事，所以人們才會去發掘事物的原理，科學等學科也因此誕生。

舉例來說，以前的人都認為蘋果掉到地上是理所當然的事，沒有人想了解原因。不過牛頓卻與眾不同，他對蘋果掉到地上的原因充滿好奇心，結果就發現了萬有引力定律。」

　　聽到媽媽贊同我的話後，我得意的點點頭，媽媽果然是全世界最公正的裁判。

　　「液態的物質是由許多分子組成，相對於分子緊密排列的固態，雖然液態的分子會互相吸引，但是彼此之間的連接並不緊密，所以受到外來能量的影響時，分子之間就有可能擺脫相互的連接而離開。

　　但是離開的分子也必須吸收足夠的能量，才能擺脫其他分子的吸引，所以它吸收的能量會比其他分子的平均能量大。由於熱也是能量的一種，因此蒸發時便會把熱帶走。」

　　「看吧！科學原理都是有原因的，不是理所當然的，就像姐姐能進入資優班就讀，也不是『就是這樣』的事。」

　　姐姐雖然生氣，卻因為是她先說錯話，所以無法反駁我的話。

　　我開心了好一會兒，想起自己剛剛的決定，於是請媽媽詳細說明冰箱製冷系統的結構和原理。

可以保持低溫的冰箱

　　媽媽說，冰箱的結構包括形成空間的箱體、保持低溫的製冷系統，和提供運轉動力的電氣系統。製冷系統是由壓縮機、冷凝器、熱力膨脹閥、蒸發器這四個結構組成，名為冷媒的物質就在這些結構中進行製冷循環。

　　製冷循環的具體過程是怎樣的呢？雖然是相當專業的學問，但是在我發揮打破砂鍋問到底的精神下，我還是學會了！

　　首先，低溫低壓的液態冷媒會比冰箱內的溫度低，所以當它流到蒸發器時，會帶走冰箱內食物的熱。

　　原本是液態的冷媒在帶走食物的熱後，會蒸發成為氣態，接著抵達壓縮機，再被壓縮成高溫高壓的氣態冷媒。

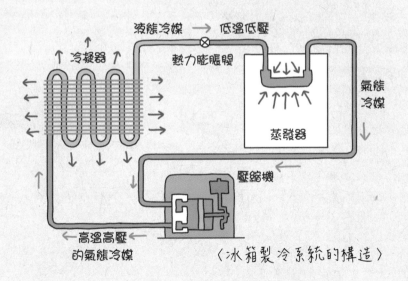

〈冰箱製冷系統的構造〉

來到冷凝器時，冷媒仍是高溫高壓的氣態，溫度會比冰箱外面的氣溫高，所以會透過風扇排熱，把剛才吸收食物的熱釋放到冰箱外面的空氣中，然後被冷凝成液態冷媒。

　　緊接著抵達熱力膨脹閥時，冷媒會因為熱力膨脹閥造成的阻力，形成低溫低壓的液態冷媒，接著再次進入蒸發器，繼續同樣的步驟，這就是冰箱的製冷循環。

　　冷氣和冰箱一樣，也是利用冷媒製冷並排出熱，當它們不冷時，爸爸都說要「灌冷媒」，原來是因為少了冷媒，就無法進行製冷循環。

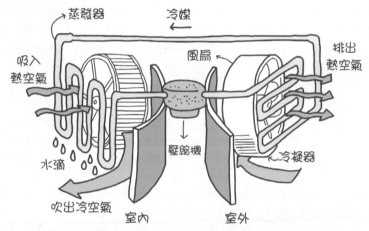

〈冷氣製冷系統的構造〉

媽媽說冰箱會發出好像在哭的「嗚」的聲音，通常是因為內部的溫度變高，壓縮機會自動運轉，讓冷媒進行製冷循環，因此壓縮機可以說是冰箱的心臟。

　　難怪媽媽經常提醒我們，冰箱不要一會兒開、一會兒關，也不要打開太久，因為這樣會讓外面的熱空氣流進冰箱，造成壓縮機不斷運轉，進而降低使用的期限。

　　靠近冰箱時，會發現冰箱內部明明很涼快，但是冰箱外部的箱體卻熱得幾乎會燙人，原來是因為冷媒會把食物的熱釋放出來。

　　此外，冰箱與牆壁必須保持距離，不能緊靠著牆壁放，也是因為要保留讓冷媒釋放食物的熱的空間。

　　我高興的跑回房間，把媽媽說明的內容全部寫在筆記本上，還畫了一些圖來幫助理解。這樣我不但完成老師交代的回家作業，也增加了新的科學知識，接下來就是等待超能力降臨到我身上了！這次會是怎樣的超能力呢？

熱為什麼會移動？

　　把鐵製的湯匙放進裝著熱湯的碗裡，湯匙很快就會變熱。把熱牛奶倒進馬克杯後，拿起杯子也會感覺到熱。吃冰淇淋時，身體很快就會產生冰涼的感覺。為什麼會有這些現象呢？為了找出原因，除了上網搜尋，我也翻遍了百科全書。

　　原來是因為熱會移動到冷的地方。舉例來說，如果把熱水和冷水倒進同一個盆子裡，熱水的熱會移動到冷水所在的地方，整個盆子裡的溫度也因此而冷熱平衡。

　　不過當冷熱平衡後，熱就不會再移動了，例如夏天時，用手摸位在陰涼處的鐵欄杆，起初會覺得涼快，沒多久就不這麼覺得，這是因為冷熱已經平衡，手上的熱不會再移動到欄杆上，這個狀態稱為「熱平衡」。

　　熱是物體中的分子透過振動獲得的能量，媽媽說，可以想像成物體受熱後，分子們會生氣的踩腳，並在物

體內四處亂跑，此時它們會互相碰撞，並產生摩擦的力量，這就是名為熱的能量。

所有生物的體內都有熱，即使是魚、青蛙等看起來冷冰冰的生物，牠們的體內也有些許的熱，因為如果沒有熱，就無法產生能量，生物也就沒有運動的力量了。

原來熱不只是科學，也和生物息息相關。了解熱為什麼會移動後，明天會有怎樣的超能力降臨到我身上呢？該不會一起床，我就發現自己變成一團火焰或一個打火機吧！

真溫暖！

神秘的銀行怪盜！

自從我學到新的科學知識後，已經過了好幾天，我的身體卻沒有像以前一樣，擁有新的超能力。為什麼？難道我學到的知識有錯？或是我學的不夠多？還是我沒學到關鍵？

　　我不斷翻閱這段時間以來，我寫下各種知識的筆記本，可是超能力依舊沒有降臨。我無奈的躺在沙發上，反覆思考原因。

　　「媽媽，今晚的天空會舉行一場盛大的派對喔！我可以去看嗎？」姐姐一回到家，就直奔客廳找媽媽。

　　我明明這麼苦惱，姐姐卻這麼開心，讓我有點生氣的對她說：「在天空舉行派對？你是不是童話故事看太多，分不清楚現實和幻想了？」

　　「金多智，你沒有常識也要看電視，昨天新聞節目就是這樣說的啊！」姐姐因為我說的話有點心虛，但是仍努力裝出理直氣壯的樣子。

「因為今晚有難得一見的流星雨喔！」媽媽笑著為我解釋。

「流星雨？」

「宇宙中有許多彗星和小行星等天體，當它們由於某些原因被破壞而形成碎片時，這些碎片可能會被地球吸引而進入地球的大氣層，碎片與大氣層摩擦燃燒所產生的光芒就是流星。

如果流星的數量眾多，就會出現有如降雨般的奇特景象，人們稱這種現象為流星雨。聽說今晚的流星雨會以每小時約千顆的速度降下，這種流星數量格外龐大的流星雨，又稱作流星暴。」

「氣象預報說，今晚的流星雨不會受到月光干擾，非常適合觀測。」姐姐高興的說著。

媽媽以前說過，流星掉到地面後就稱為隕石。或許今天眾多的流星中，有些會像我撿到的小隕石那樣，掉在某戶人家的院子也說不定。那麼撿到它的人會和我一樣，變成超能力者嗎？

我越想越期待，於是時間一到，就跟爸爸、媽媽和姐姐走到家裡附近的小山丘上，準備參加這場盛事。沒多久，小小的山丘上就擠滿了和我們一樣想看流星雨的人，有人帶了相機，甚至有人帶了望遠鏡，想好好欣賞並記錄這難得一見的天文奇景。

「看那邊！」

　　夜晚的天空劃過一道道火紅的線，流星雨開始降下，所有人都抬頭仰望天空，接連發出讚嘆的聲音。

　　「聽說看到流星時許願，願望就能成真！」

　　不知道哪個人說了這句話，於是大家紛紛閉上眼睛，對著流星許願。

　　「希望同學們不要再叫我金無智了。」

　　我也閉上雙眼，小聲的說出願望。

此時，天上有一顆流星朝我們所在的小山丘飛來，而且越接近地面，速度越快，同時不斷噴出夾雜著紅色、綠色和藍色的火花。最後那顆流星似乎掉在附近的山上，瞬間消失在我們眼前。

　　旁邊圍觀的小孩們紛紛向爸爸、媽媽撒嬌，想去找那顆流星，但是他們的爸爸、媽媽只是笑了笑，沒有答應。

　　「流星是來自宇宙的天體碎片通過地球的大氣層時，與大氣層摩擦燃燒所產生的光芒，通常此時流星已經消失了，所以雖然那顆流星看起來像掉在附近的山上，但這只是我們的錯覺，那些小朋友如果真的去找，肯定什麼都找不到。」

　　看著姐姐得意洋洋講解的樣子，我一邊摸著鼻孔裡的小隕石，一邊喃喃自語──那是因為你沒看過掉在我們家院子裡的小隕石！如果真的去找，說不定就會發現流星變成了隕石！

　　壯觀的流星雨結束後，就是晚餐時間了。雖然我想邊看卡通邊吃飯，但是爸爸、媽媽說這樣對消化不好，而且他們希望我和姐姐藉由看新聞節目來了解社會和世界。

　　沒辦法，既然爸爸、媽媽這麼想看電視，那我偶爾也要讓給他們，這樣才是孝順的好孩子。

此時，新聞節目突然插播一則快報：「臺北市稍早發生一起銀行搶案，XX銀行金庫內的一千萬元遭到闖入的搶匪搬空！詳細狀況如何，我們立刻連線現場的吳朱萬記者。」

　　主播一說完，畫面立刻切換到發生搶案的那間銀行。從畫面中可以看到許多警察正在四周盤查可疑人士，負責調查的人也拿著各項器材在銀行內外搜查，希望能找出關於搶匪的線索。

　　「媽媽，這間銀行在我們家附近吧？看起來很眼熟。」

「是啊！可是今天是星期日，那間銀行根本沒有營業，搶匪是怎麼進入銀行裡的金庫？」

由於這麼重大的事件就發生在我們家附近，所以連只想看卡通的我，都忍不住認真的盯著電視螢幕。

出現在畫面上的現場記者嚴肅的說：「經過初步的調查，金庫沒有從外部入侵的痕跡。警方表示，雖然銀行監視器有拍到搶匪的身影，但是具體的做案手法仍有待進一步的調查。」

畫面切換成銀行監視器拍攝的影像，在有點模糊的畫面中，可以看到一個戴著面罩、從頭到腳都是黑色裝扮的人，他緩緩的走向牆壁，然後……

「我有沒有看錯？」

我懷疑自己的眼睛是不是出了問題，但是爸爸、媽媽和姐姐都沒有回答我的問題，因為他們也被這個驚人的畫面嚇得說不出話來。

「那個人竟然穿過了牆壁！」

這簡直是科幻電影才會出現的情節！

在我們還沒搞懂發生什麼事時，眼前又出現了更令人驚訝的畫面——那個全身黑色裝扮的人，慢慢的從牆壁中走出，來到另一臺監視器所在的地方，重複了幾次後，他就從所有監視器的影像中消

失，成功離開銀行了！

　　畫面切換回攝影棚，顯然主播也是第一次看到這麼奇怪的案件，所以表情十分錯愕。「警方初步研判，搶匪可能偽造並掉包了監視器的影像，或是利用錯覺犯案，詳情有待後續調查，才能得知搶匪所使用的手法。」

　　「我們家附近竟然發生這麼大的事件！記者會不會來採訪我？」姐姐一邊說話，一邊發出期待的尖叫聲。

他穿過牆壁了！

「搶匪會不會是魔術師？他們經常表演突然出現或消失的魔術呀！」我想起電視上的魔術師，經常把人變不見或變出來，那麼穿過牆壁對他們來說，應該也不難吧！

媽媽輕輕搖了搖頭。「魔術其實是運用了科學、心理學等知識的藝術表演，魔術師都進行了大量的練習，並使用了專業的道具，但是深入研究就可以破解當中的技巧，不可能逃過專業的鑑識與蒐證人員的眼睛。」

「我們家的錢都存在那間銀行，應該拿得回來吧？」爸爸不安的自言自語，只擔心辛苦工作賺來的錢都化為泡影。

　　「爸爸，我們吃完飯後，去那間銀行附近看看，好不好？」

　　我說完話就拿起筷子，準備繼續享用美味的晚餐。但是當我低頭一看，就發現剛剛被我夾進碗裡的雞腿竟然不見了！

　　就像是剛才銀行監視器中的搶匪，雞腿憑空消失了！難道它也有穿過牆壁的能力？

　　當然不可能！

　　「誰拿了我的雞腿？」我生氣的大吼。

　　爸爸、媽媽都被我的怒吼聲嚇了一跳，用力的搖頭否認。

　　此時，我發現姐姐正在拼命吃東西，沒有抬頭看我，手也遮遮掩掩的擋住自己的碗，就像是做壞事被逮個正著的犯人。

　　「噗似偶……」

　　當然就是你！

　　雖然我氣得想把姐姐這個雞腿小偷的頭髮再次電成爆炸頭，不過看在她還沒長出來的眉毛的分上，寬宏大量的我決定不和姐姐計較。

原本和爸爸約好，吃完飯要去那間發生搶案的銀行附近看看，不過爸爸應該忘了這個約定，因為他一邊摸著吃得太飽而圓得像籃球的肚子，一邊緩緩的走回房間休息。

　　我失望的回到房間，一邊想著我那沒有緣分的雞腿，一邊為了讓超能力趕快再次降臨而翻閱筆記本，並在空白處寫下這句話：

　　如果想成為天才，一定要先讓自己成為獵犬！

　　我在書上看過，獵犬只要發現獵物，就會拼命追蹤，抓到後則會緊咬著不放。我要學習牠的精神，只要對什麼事物感到好奇，就要追根究柢來找出答案。如果以後我變成名人，這句話也會變成名言，讓所有人都感到敬佩與讚嘆。

　　星期一，我一如往常的起床，一如往常的上學和放學，可是超能力仍然沒有一如往常的降臨到我身上。

　　我想了很久，猜測應該是我沒有學到關鍵的知識，所以無法擁有新的超能力，可是那個「關鍵的知識」到底是什麼？我左思右想都找不到答案。

　　我走進廚房喝水，想藉此振作精神，以便繼

續思考怎樣才能擁有新的超能力。此時，我看到眼前的電子鍋和微波爐——有了！它們應該運用了許多關於熱的科學知識，與其呆坐著思考，不如繼續學習更多

汪！

知識，也許某天超能力就會突然降臨！就從解開電子鍋和微波爐的祕密開始吧！

於是我展開了一場前所未有的廚房大探索。

「飯為什麼是冷的？這下子不能吃了！」從補習班回來的姐姐打開電子鍋後，發現飯是冷的就大聲抱怨。

聽到姐姐的聲音而走進廚房的媽媽，慌張的察看電子鍋。「誰把電子鍋的保溫功能取消了？」

「是我……我以為這樣可以省電。」我走到媽媽身旁，老實的承認是自己做的事。

其實我是為了研究電子鍋的祕密，所以把保溫功能取消了。因為我想知道這個功能有什麼用處？一定要設定嗎？只是我沒想到少了保溫功能，竟然會讓姐姐吃不了飯。

姐姐一臉懷疑的看著我。「金多智，我覺得你

最近有點奇怪，為什麼常做一些以前不會做的事？還問了很多奇怪的問題。」

我當然不會傻傻的告訴姐姐，這是我為了得到超能力所做的實驗。我決定轉移話題，讓她忘記這件事。

「冷掉的飯為什麼不能吃？」

「因為不好吃啊！」

「為什麼不好吃？」

「白飯裡有許多天然澱粉，如果飯變冷，組成澱粉的分子之間的水分會被漸漸排除，分子間的連結變得更緊密，造成澱粉老化而變硬，飯的口感也因此變硬而不好吃。所以電子鍋才有保溫的功能，就是為了不讓飯變冷。」

我還以為姐姐只擅長課本和考卷裡的知識，對生活中的科學一無所知，沒想到她竟然能說出藏在白飯中的科學知識，讓我忍不住用敬佩的眼神看著姐姐。

「想讓電子鍋裡的飯維持好吃的口感，一定要保溫。多智，以後不能再取消保溫功能囉！」

媽媽一邊把電子鍋裡的冷飯裝進另一個鍋子，一邊為我說明。

「一般的電子鍋都有兩個主要的功能，第一個

是把米煮成飯，第二個則是讓煮好的飯維持在固定的溫度，也就是保溫功能。電子鍋之所以有這些功能，是因為它裡面有電熱線和溫度控制裝置。

　　電熱線是當電流到電子鍋後，會產生熱的金屬線。當我們插上插頭，並按下煮飯按鈕後，電就會流到電熱線，一段時間後，電熱線會變熱，電子鍋就開始煮飯。」

　　「那電子鍋的插頭一直插著，不就是一直讓電熱線維持在發熱狀態嗎？為什麼裡面的飯不會燒焦呢？」

見識到我的厲害了吧？

原來姐姐不是只會寫考卷！

哇！

「飯煮好後，電子鍋的電熱線如果還是維持在通電狀態，飯當然會燒焦。但是現在的電子鍋都有自動控制溫度的裝置，電熱線產生熱的電路會被這個裝置彈開而形成斷路，取而代之的是開啟保溫的電路。

有了溫度控制裝置，即使電子鍋的插頭一直插著，煮好的飯也不會燒焦，而且可以維持在溫熱的狀態。」

原本在我眼裡是平凡、不起眼，只會煮飯的電子鍋，聽完媽媽的解釋後，我才知道它其實是這麼聰明的機器。

「如果電子鍋內的溫度太高，溫度控制裝置會暫時切斷電源，也就是剛剛說的，讓電熱線的電路形成斷路。相反的，如果電子鍋內的溫度太低，溫度控制裝置會自動啟動電源，藉此讓飯始終保持溫熱。

雖然冰箱同樣有溫度控制裝置，不過它的啟動原理和電子鍋正好相反，當冰箱內的溫度太低，溫度控制裝置會暫時切斷電源，溫度太高則會自動啟動電源。」

聽完媽媽的說明後，姐姐叫我用微波爐幫她加熱飯。平常的我一定會想辦法拒絕，但是多虧了

剛剛的冷飯變硬事件，讓今天的姐姐看起來有那麼一點點聰明，讓我有那麼一點點佩服她，於是我乖乖的把裝有飯的碗放進微波爐，然後設定時間並按下啟動按鈕。微波爐就像聽話的機器人，旋轉轉盤並發出亮光，沒一會兒，冷冰冰的飯就變得熱呼呼了。

　　把碗交給姐姐後，我坐在餐桌旁的椅子上，繼續和媽媽聊天。

　　「我覺得廚房裡最厲害的機器是微波爐。」

　　「為什麼？」媽媽好奇的問我。

　　「微波爐不像瓦斯爐會冒出可怕的火焰，也不像烤箱在使用時會發出燙人的高溫，但是依然能加熱食物，所以我覺得它很厲害。這麼說來，微波爐為什麼能讓食物變熱？」

　　媽媽一邊洗碗盤，一邊為我解答。「還記得爸爸之前教過你，使用『紅外線』來控制電視的遙控器嗎？微波爐使用的『微波』，和紅外線一樣，是電磁波的一種，就是靠它來加熱食物。」

　　「微波也是電磁波？」

　　「沒錯，微波可以穿透玻璃、塑膠和陶瓷而不被吸收，水和食物則會吸收微波並發熱。不鏽鋼、鋁箔紙等金屬物質則會反射微波，不只無法吸收，

還會因此產生火花或火焰。所以使用微波爐加熱食物時，絕對不能用金屬材質製成的容器盛裝，否則可能會有爆炸的危險。」

我驚慌的看向櫥櫃，想辨認哪些是不能放進微波爐的碗盤，以免自己改天造成爆炸事件。

媽媽發現我的動作，舉起手中洗到一半的盤子。「放心，為了避免意外發生，我們家的碗盤都是用可以放進微波爐的陶瓷材質製成。不過使用時還是要注意，像是旁邊有金屬花紋裝飾的碗盤、用不鏽鋼製成的餐具等，都不能放進微波爐。」

我鬆了一口氣。「我還以為微波爐的操作很簡單，只要把東西放進去，就會自動加熱完畢，沒想到使用時還有要注意的地方，我以後一定會小心！」

超能力小筆記

微波爐如何加熱食物？

微波爐裡面有一個稱為磁控管的裝置，當微波爐通電並按下啟動按鈕後，磁控管會產生微波，食物中的水、脂質、蛋白質等分子會因為吸收微波而振動，因此互相碰撞和摩擦並產生熱，食物就能在內部與表面同時被加熱。

物質對微波有穿透、吸收和反射三種反應。金屬會反射微波，所以不能用在微波爐加熱上。食物會吸收微波，所以能用微波爐加熱。玻璃、塑膠和陶瓷能讓微波穿透而不會吸收，所以用它們盛裝食物並拿去微波爐加熱時，它們也不會變熱。

那為什麼用微波爐加熱用馬克杯盛裝的牛奶時，馬克杯會變熱呢？其實不是馬克杯變熱，而是牛奶的熱移動到馬克杯上，這就是我之前學的，熱會移動到冷的地方，待會兒再複習一下吧！

媽媽説，人體也是由分子組成，因此使用微波爐時，最好保持一定的距離，避免微波對身體產生危害。使用微波爐前，記得先想想這個東西適不適合用微波爐加熱，使用方法正確，就可以安心享受微波爐帶來的便利喔！

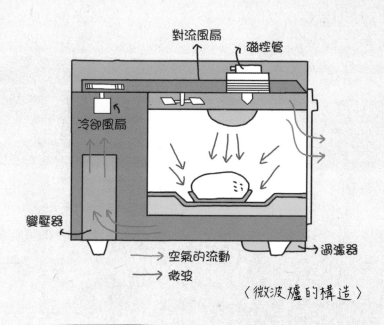

〈微波爐的構造〉

「了解微波爐的原理後，接下來，我要用微波爐進行一項偉大的實驗。」

「什麼實驗？」

「製作爆米花的實驗。」

媽媽笑了出來。「多智，你想吃爆米花嗎？」

「我只是想了解組成玉米的分子吸收微波後，會產生怎樣的變化。」

姐姐也笑著說：「我也要來做個吃爆米花的實驗。」

和我們一起吃完爆米花後，媽媽又開始在廚房忙東忙西。雖然今天是星期六，可是爸爸因為有工作要忙，所以一大早就去公司加班了，到現在還沒回家。為了慰勞辛苦的爸爸，媽媽說要為他準備驚喜。

「我要做很多爸爸喜歡的油炸食物，因為他最近工作很忙，

實驗產物就由我處理。

準備進行爆米花實驗。

哼！

想吃就和媽媽說啊！

POP corn

看起來沒什麼精神，吃了喜歡的油炸食物，爸爸的心情應該會變好，精神也會跟著恢復。」

　　炸雞、炸魷魚、炸薯條……只要是用油炸製成的食物，我和爸爸都很喜歡吃。由於好久沒吃到媽媽親手做的油炸食物，我高興的和姐姐一起在廚房幫忙，為食材穿上下鍋油炸所需的衣服。

　　準備工作完成後，媽媽把油倒進鍋子並加熱，沒多久鍋子裡的油就變得滾燙。測試溫度沒問題後，媽媽先放進蝦子，家裡開始飄散著油炸食物發出的香味。

　　看著蝦子在鍋子中滋滋作響，逐漸變成金黃色，姐姐的口水都快流出來了。「吃了美味的油炸食物後，爸爸就會和充滿電的電池一樣，整個人都充滿能量吧！」

　　姐姐的話讓我的好奇心再次爆發。「我以為只有吃飯、肉、蔬菜等食物，才會讓人體產生能量，吃油炸食物也會嗎？」

　　「金多智，你別再問問題了！現在是開心的料理時間啦！」

　　姐姐想阻止我問問題，媽媽卻沒有這麼做。

　　「沒關係，媽媽很喜歡多智有問題就問的習慣，我覺得非常棒喔！媽媽也很樂意幫多智解答！

能量是人和機器工作的本錢，沒有能量，機器就無法運作，人也無法生活。不管吃的是油炸食物或其他東西，雖然會有產生的能量多或少的差異，但是都能讓人產生能量，使人體的功能正常運作。」

「人只要吃東西就能產生能量嗎？」

媽媽點了點頭。「沒錯，汽車需要的能量是汽油或柴油，人類如果需要能量，雖然也有其

他攝取的方法，但是最簡單的方法就是吃飯。我們體內的器官會把飯菜轉換成可使用的營養物質，成為身體運作的動力。現在換媽媽問你們一個問題：能量是氣態、液態，還是固態？」

我和姐姐互看了一眼。

「因為是飯，所以是固態吧！」

「可是汽油也是能量，它就是液態啊！」

看來姐姐也不知道正確答案。

媽媽笑著對我們說：「答案是以上皆非。因為能量不是物質，所以不是氣態、液態或固態，也不會有質量和重量。」

聽完媽媽的解釋後，我覺得能量似乎是相當神祕，卻又非常重要的東西。「如果人類把地球上的能量都用光，那該怎麼辦？」

「少了能量，地球應該會毀滅，生物也會一起滅亡吧！」

雖然姐姐回答得很有自信，媽媽卻搖搖頭。

「能量不會被用完，只會轉換成另一種形式。舉例來說，火力發電廠是利用燃燒煤、石油、天然氣等化石燃料的『化學能』，轉換成『電能』來發電。無論能量從哪一種形式轉換成哪一種形式，總能量都不會改變。」

「所以我們不用擔心能量被用完嗎？」

「沒錯。因為能量只會改變形式，不會因為被使用而消失，用專有的名詞來說，這個現象稱為『能量守恆定律』。」

媽媽一邊把炸好的食物撈出鍋子，一邊為我們解釋。

「能量的形式很多，例如動能是物質運動時獲得的能量，熱能是存在於物質內部的能量，位能包括從高處將物體拋下所獲得的能量，光能是太陽等會發光物質所散發的能量，其他還有核能、聲能、勢能等，能量其實存在於我們四周，而且不斷轉換形式。」

當我還在思考媽媽說的話時，忽然間，我感到天旋地轉，接著彷彿有一陣冷風吹來，額頭則像被某個東西用力撞上，讓我痛得連站都站不穩。

「多智，你怎麼了？」

媽媽看出我身體不舒服，緊張的問我發生什麼事。但就在媽媽說話的同時，那些不舒服的感覺全部都消失了，我反而感到前所未有的全身舒暢。

「我沒事。對了，媽媽，這些油炸食物可以吃了嗎？」

「它們剛從鍋子裡撈出來，還很燙喔！放涼一

點再吃吧！」

　　雖然媽媽這麼說，但是我感覺自己的身體此時有如一座大型冰箱，體內有著源源不絕的冷空氣，讓我覺得眼前的油炸食物一點都不燙。於是我把還熱騰騰的炸馬鈴薯片放進嘴巴，然後津津有味的吃了起來。

　　「看來馬鈴薯不會燙了，那我也要吃。」

　　姐姐用筷子夾起炸馬鈴薯片，放進嘴巴後，立刻把它吐出來。接著她跑到流理臺並打開水龍頭，用冰涼的水沖著舌頭。

　　「好燙喔！我的舌頭好痛！」

　　「為什麼我不覺得燙呢？」

　　我拿起旁邊剛炸好的蝦子來吃，同樣不覺得燙。雖然媽媽和姐姐都用懷疑的眼神看我，但我不以為意，嘴巴還是不停的吃。畢竟民以食為天，美食當前，誰能拒絕呢？

看著姐姐試了幾次，還是被燙到無法下嚥的樣子，我一邊大口享用剛出爐的美味油炸食物，一邊想著剛剛那些不舒服的感覺，應該是超能力降臨的預兆。這次的超能力是讓我可以忍受高溫？還是可以從體內吹出冷氣？我決定晚一點回房間再研究。

由於製作油炸食物的麵粉快用完了，於是媽媽關了瓦斯爐的火，急急忙忙的出門採買。姐姐

則是想在被燙到的舌頭上擦藥，所以跑到客廳去找醫藥箱。

　　趁著媽媽和姐姐都不在廚房的空檔，我用筷子夾起一點點麵衣，想觀察食材在鍋子裡是怎麼被炸熟的。沒想到鍋子裡的油還很燙，我又離鍋子太近，即使只有一點點麵衣，放下去後濺起來的熱油也噴到了我的手上。

　　嘶嘶！

　　熱油與皮膚接觸後，發出了可怕的聲音。我趕緊放下筷子，正準備去沖冷水時，我注意到一件神奇的事——被熱油噴到的地方雖然變得又紅又腫，可是我完全不覺得燙或痛！

　　怎麼會這樣？我一時間不知道該如何是好，只能站在原地，呆呆的看著自己的手。

　　「是不是有什麼奇怪的味道？」

　　姐姐突然走進廚房，我立刻把紅腫的手放到背後藏起來。

　　「沒有啊！」我裝作若無其事，因為擔心姐姐看到我又紅又腫的手，說不定會被嚇到暈倒。

　　姐姐回客廳繼續擦藥，我趕緊把手伸出來，想確認到底怎麼回事。不過這時又發生神奇的事——被熱油燙傷而紅腫的手，已經恢復成原本的樣子，

彷彿從來沒受傷過！

　　我驚奇的左看右看、東摸西摸，發現手真的沒有異狀後，終於可以確認這次的超能力是讓我的身體可以忍受高溫！

　　期待已久的超能力終於降臨，我高興的拿出口袋裡的小隕石，給它一個感謝之吻。

希望這次的超能力至少能維持到明天，不要像之前那樣，沒過多久就消失。

哇！

　　加班了一整天的爸爸回到家後，一看到餐桌上堆積如山的油炸食物，就開心的跳到椅子上，津津有味的吃了起來。看到爸爸幸福的表情，我也感到很幸福。

　　吃完晚餐後，我回到自己的房間，想著今天降臨在我身上的超能力。看來我的猜測沒錯，因為我沒學到「關鍵的知識」，導致知識和知識沒連結在一起。雖然學會關於熱的科學知識，卻不懂能量是什麼，所以超能力才沒降臨。之前我的超能力很快消失，應該也是這個原因造成的。

　　經過這一次的事件，我了解到科學知識不是各自獨立的，必須相互連結。以後我必須學習得更多、更廣，我的超能力才能更多樣、更完美。

超能力小百科

千變萬化的能量！

　　聽完媽媽的說明後，讓我對「能量」更好奇了，能量為什麼要轉換形式？不同形式的能量又是怎麼轉換的？搜尋網路資料和翻閱百科全書後，我終於解開了能量的祕密。

　　如果能量不持續轉換形式，地球上的生物就難以生存。舉例來說，稻米靠太陽生長，當稻米被煮成飯，被人類吃進身體後，人類就可以生存。太陽的光能轉換成稻米生長所需的能量，剩餘的則以稻米的形式儲存，飯再作為能量被人類吃進肚子後，變成人體運作所需的能量。能量就是這樣持續的轉換形式，萬物才得以存活。

　　能量有很多種形式，轉換的模式也有很多。玩溜滑梯時，從高處滑下的位能，轉換成滑動的動能和摩擦產生的熱能。運用電梯把笨重的物品往上搬，是將電能轉換成位能。電池是藉由內部的化學反應來放電，所以是

將化學能轉換成電能。喇叭插電後能放出聲音，則是電能轉換成聲能。

　　這麼看來，我們日常生活的一舉一動，都和能量及能量轉換有關。幸好有「能量守恆定律」，地球上的能量不會被用完，否則不止人類，全世界的萬物都會非常傷腦筋吧！

事件 3

紅衣超人登場！

爸爸的工作越來越忙，前陣子是假日加班，這幾天則是到外地出差。由於我們都很想念他，當爸爸回家時，媽媽特地為他準備了舒服的熱水澡，我則是主動說要和爸爸一起洗澡，並自告奮勇要幫他搓背。

　　工作好不容易告一段落，終於可以休息的爸爸，心情非常好，所以在洗澡時，說了他小時候的故事給我聽。

爸爸的背好寬！

「爸爸小時候最害怕的就是晚上要上廁所，因為廁所在室外，離家裡有一段距離，光是走在昏暗的路上就覺得很可怕。」

「以前的廁所不在家裡嗎？」

我半夜醒來上廁所時，總是半夢半醒的，走路還會不小心撞到牆壁，如果廁所不在家裡，我可能根本走不到！

「沒錯，不過爸爸覺得以前的廁所建在室外也有好處，畢竟廁所難免會發出臭味，而且容易變髒，如果和家裡有點距離，生活空間就不會被廁所干擾了。在爸爸小時候，家裡沒有坐式或蹲式馬桶，只有在地下挖洞來儲存大小便的旱廁，它是

由遮擋用的外屋、一塊有洞的地板，和連接糞坑的地洞組成。為了避免自己掉下去，爸爸在上廁所時都會特別小心，因為萬一掉進糞坑，輕則讓自己沾滿尿和大便，嚴重還會喪命呢！」

「有這麼嚴重嗎？」

我聽得有點害怕，因為只要踏錯一步就有可能死翹翹吧？以前上廁所原來是這麼拼命的事嗎？

「因為糞坑裡有大量的甲烷、氨氣等有毒氣體，如果人類吸入了超過可承受範圍的量，就會生病，甚至死亡。不只以前的糞坑，現在的廁所都會連接到處理汙水用的化糞池，工人清理化糞池時，必須做好防護措施，否則也會吸入有毒氣體。」

原來以前的人上廁所都這麼辛苦，相較之下，現在的人還能邊上廁所邊看書、滑手機、聽音樂等，真是太幸福了。

「現在的廁所大多使用坐式或蹲式馬桶，還有沖水設備，不僅可以減少臭味、保持乾淨，害蟲也比以前的旱廁少，即使把廁所安裝在家裡也不用擔心，生活因此更便利了。」

我看著不遠處的馬桶，默默對它說了聲謝謝。

「對了，為什麼捷運、百貨公司等地方的廁所，馬桶都設計成會自動沖水？」

「目的是減少人們上廁所時產生的臭味，以及阻隔害蟲和細菌。如果上廁所後沒有馬上沖水，馬桶內的糞尿很快就會產生氣味強烈刺激的氨氣，不僅會吸引害蟲聚集，還容易造成細菌生長，自動沖水系統就是為了避免這些情況發生而設計的。」

原來連馬桶裡都有我不知道的科學知識！它不但能幫我們處理身體消化後的產物，還藏著許多讓我們的生活更舒適的小巧思，真是偉大！

洗完澡後，我們全家人聚集在客廳裡，一起享用媽媽準備的水果。

「爸爸，你最近為什麼這麼忙？是因為在研發新產品嗎？」我好奇的詢問。

「沒錯。爸爸正在研發非常特殊的空氣清淨機，它擁有強大的力量，能把空氣中的汙染物吸進機器裡，讓空氣變乾淨，是改善室內空氣品質的最強機器！」爸爸得意的回答。

「空氣清淨機和淨水器的原理是一樣的嗎？因為它們都負責淨化啊！只不過一臺是淨化

幸好家裡有空氣清淨機。

噗！

空氣，另一臺則是淨化水。」

　　「雖然目的都是淨化，不過空氣清淨機和淨水器的淨化方式不同。空氣清淨機的種類很多，使用的技術也各有不同，例如使用高效微粒空氣濾網來過濾汙染物的『HEPA濾網』、利用紫外線分解有害氣體及消滅細菌的『光觸媒』，還有透過特殊波長的奈米光管照射後所產生的等離子氣流，來將汙染物分解為水和二氧化碳的『光等離子』。爸爸正在研發的空氣清淨機是運用『靜電集塵』的技術，讓機器中的收集板帶負電荷來吸附汙染物，空氣就能被淨化。」

　　爸爸走到飲水機前，倒了一杯冰水喝。

　　「現在很多飲水機都有淨水的功能，也有人會另外添購淨水器。和空氣清淨機一樣，淨水器也有很多種類，但不管是什麼種類，淨水器裡都有專門過濾水的裝置，最常見的是活性碳，它能吸附水中的異味、雜質等，並排出淨水器，我們就能喝到乾淨的水。」

「活性碳是什麼？」

爸爸每句話都會提到新的名詞，讓我的好奇心像火山般爆發，問題一個接一個的冒出來。

「活性碳是樹木等物質用化學或物理的方式活化後，外觀呈黑色粉末或顆粒狀，具有吸附能力的碳化物質，根據原料來源、製造方法、外觀形狀和應用場合的不同，可以分為很多種類。

由於活性碳內有許多小孔，可以擋住水中不好的物質，讓純淨的水繼續往前流，藉此達到過濾的效果。不過用久了，活性碳的效果會變差，所以需要定期替換。」

媽媽從冰箱拿出瓶裝啤酒，用開瓶器打開後，為辛苦的爸爸倒了一杯清涼的啤酒。爸爸一口氣喝完啤酒後，露出了滿足的笑容，因為心情很好，他繼續教我科學知識。

「多智，你知道這個小小的開瓶器上，其實也隱藏著科學知識嗎？」

「真的嗎？」

開瓶器的形狀很奇怪，除此之外，上面既沒有按鈕，也沒有開關，它能藏著什麼科學知識？

「開瓶器是根據槓桿原理運作的工具，槓桿是日常生活中經常使用的科學原理，我們身邊還有很多根據槓桿原理運作的工具，你知道有什麼嗎？」

我低頭思考了很久，完全想不出答案，因為開瓶器的形狀這麼奇怪，有哪些工具和它運用了相同的科學原理呢？

爸爸笑了笑。「我告訴你答案吧！例如剪刀、筷子等，都是利用槓桿原理運作的工具喔！」

 超能力小筆記

槓桿原理

爸爸說，槓桿是由支撐點和放在支撐點上的硬棒組成，槓桿上有三個點：施加力的「施力點」、抵抗施力作用的「抗力點」、作為支撐點的「支點」。根據這三個點的位置，槓桿可以分為三種：支點在中間的「第一種槓桿」、抗力點在中間的「第二種槓桿」、施力點在中間的「第三種槓桿」。這三種槓桿有什麼不同呢？讓我來仔細分析吧！

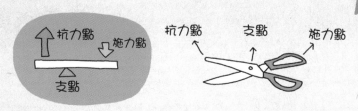

　　支點在中間，施力點和抗力點分別在兩邊的槓桿，稱為第一種槓桿，包括綜合活動課常用的剪刀、學校和公園都有的蹺蹺板等。第一種槓桿根據支點到抗力點和施力點的距離，使用時可能省力也可能費力，要根據實際狀況來判斷。

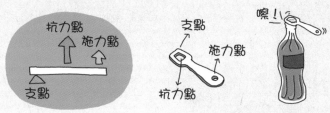

　　第二種槓桿的抗力點在中間，施力點和支點分別在兩邊，這是能省力的槓桿，可以用較小的力氣移動較重的物體。以開瓶器為例，前端抵住瓶蓋頂端作為支點，空洞處抵住瓶蓋邊緣作為抗力點，手把則是施力點，握住手把再往上提起，就能輕鬆打開瓶蓋。

　　第三種槓桿的施力點在中間，抗力點和支點分別在兩邊，包括筷子、釣竿、夾子等，雖然這種槓桿比較費力，但優點是節省施力的距離。以筷子為例，被手操作的地方是施力點，被手支撐的地方是支點，夾起東西的地方則是抗力點。

「原來有這麼多工具都是利用槓桿原理運作的！槓桿真的很厲害嗎？」

「沒錯，利用槓桿還可以舉起地球呢！」

我睜大眼睛，不敢置信的看著爸爸。

「希臘物理學家阿基米德曾經說過：『給我一個支點，我可以舉起整個地球。』這就是運用槓桿原理。」

聽完爸爸的說明後，我立刻從沙發上站起來。

「我要先回房間，把剛剛學到的科學知識好好整理一下。」

全家人都驚訝的看著我，不過我要趁還沒忘記前，趕快把學到的東西寫下來，所以沒時間和他們解釋了。

回到房間後，我立刻打開筆記本，認真的整理今天一整天學到的科學知識，為了方便以後複習，我還畫了許多插圖來幫助記憶。

隔天我也很認真的上課，度過充實的一天後，我一如往常的放學走出校門，卻看見旁邊停了一輛警車，還有兩名警察站在一旁。沒多久，教務主任就匆匆忙忙的從學校裡走出來。

「主任好，由於附近發生一起銀行搶案，希望校方能協助我們辦案。請你仔細看這張照片。」

感謝你的協助。

　　我好奇的走到教務主任身旁，看到警察拿出的相片上，是一個穿著黑色衣服的人，但是臉被面罩遮住了。

　　「這個人就是銀行搶匪，他的身高大約175公分，身材不胖也不瘦，年紀和膚色等特徵目前還不確定。如果老師和同學們有看到這個人，或是有任何線索，請務必和警方聯絡。」

　　兩名警察和教務主任說完話後，就開車離開了。在我走回家的路上，看到更多的警察，他們在路上設置了許多路障，然後對每輛經過的汽車進行嚴密的搜查。

　　走到下一個路口時，我又看到許多警察站在一間銀行前，旁邊還有許多表情嚴肅的調查人員。

　　由於氣氛非常緊張，讓我也跟著緊張起來，擔心自己會不會被警察叫住？他們會不會懷疑我是犯人？到時候我該說什麼話來證明自己的清白？

　　「又是這間銀行！」

　　路邊有一位阿姨正用激動的口氣和另一位阿姨說話。

　　「這間銀行已經是第二次發生搶案了！」

　　「聽說這次的搶匪也是穿過牆壁去偷錢，而且犯案過程都被銀行監視器清楚的拍下來！」

　　「真奇怪！他為什麼能穿過牆壁？」

「難道搶匪不是
人，是幽靈？」

阿姨們的對話讓
我渾身發抖，如果銀
行搶匪是幽靈，那警察要怎麼抓到他？監獄也無法
把他關起來吧？

雖然害怕，但是好奇心讓我停下腳步，和其他
圍觀的人一起，站在銀行封鎖線的不遠處，觀察警
察的調查工作。

此時，我發現和我一起圍觀的人群中，有一個戴著黑色棒球帽，全身上下都是黑色裝扮的男人。由於他的身材和打扮，都和警察給教務主任看的照片中的人很像，所以我忍不住多看了那個男人幾眼。

忽然間，我的腦海中冒出了一個陌生的聲音。

快來抓我呀！我就是犯人！

我愣了一會兒，但是很快就明白是怎麼回事——能知道別人想法的超能力又降臨到我身上了！而且根據內容，對方正是銀行搶匪！

哈哈哈！賺錢真是太簡單了！

根據以往知道爸爸、媽媽和老師、同學想法的

經驗，想法會跑進我腦海中的人，都不會距離我太遠。我偷偷觀察了周圍群眾的表情和動作，發現大家都對銀行搶案感到擔心或害怕，所以大多皺著眉頭，或是正和其他人討論案情。

唯獨那個戴棒球帽的男人，因為他把帽沿壓得很低，我看不到他的表情，但是他雙手環抱胸前，看起來很輕鬆自在的樣子。

太可疑了！

雖然有點害怕，不過我擁有小隕石帶來的超能力，而且我將來的目標是成為拯救世界、幫助人類的超級英雄，我絕對不能在這個時候退縮！

我在人群中艱難的移動，希望偷偷靠近那個男人，才能看到他的長相。如果那個男人真的是銀行搶匪，說不定我就能幫助警察抓到他了！

但是當我好不容易靠近時，那個男人卻已經不見了！我看了看四周，滿滿的圍觀人潮把附近擠得水洩不通，我已經運用國小四年級學生的嬌小身材，盡快穿越人潮，移動到這裡來了，除非那個男人真的能穿過牆壁，否則不可能在這麼短的時間內消失！

我非常失望，在回家的路上，我努力思考面對這個可惡的銀行搶匪，我還能怎麼做呢？

和警察說我看到可能是銀行搶匪的人了？根據我看過的卡通和電影，大人不會相信小孩說的話，總是把我們的話當成玩笑。

而且如果警察問我，為什麼說那個男人是搶匪時，我該怎麼回答呢？應該沒人會相信，我具有能知道別人想法的超能力吧！

看來和警察說是行不通的。

對了，既然我擁有超能力，由我直接抓住銀行搶匪不就好了嗎？

好主意！連警察都抓不到的搶匪，如果被我這個擁有超能力的國小四年級學生抓到，爸爸、媽媽會稱讚我吧？經常罵我上課不專心的老師會是什麼表情呢？總是叫我「金無智」的同學們會相當吃驚吧？不敢承認喜歡我的熙珠又會對我說什麼呢？

等等！

大家知道我有超能力後，會不會討厭我？熙珠可能會因為害怕，不想和我當朋友。爸爸、媽媽說不定會很擔心，急著安排我到醫院進行身體檢查。

還有卡通和電影中常常提到的，那些藏在地底或高樓深處的祕密研究機構，或許會把我抓走，再把我當成猴子般關進籠子裡，作為奇怪實驗的對象。

我越想越害怕！原來擁有超能力也有壞處啊！

為了平平安安的當一名超級英雄，我努力回想以前看過的卡通和電影，總結出超級英雄通常有三個共同點。

第一，負責守護正義和維護地球和平。

第二，隱藏自己的真實身分。

第三，穿著帥氣的服飾並戴著面具。

第一點是我努力的目標。第二點就和我剛剛想得一樣，被別人知道自己具有特殊能力是很危險的事，所以即使是爸爸、媽媽，也不能讓他們知道我擁有超能力。

第三點則是鋼鐵人、蝙蝠俠、
蜘蛛人都有做到的，他們穿的衣服
不但帥氣，還讓很多人都跟著模仿，太酷了！
　　既然決定當一名超級英雄，我決定從最簡單的

第三點開始準備。

　　我在衣櫃裡看來看去，還是我喜歡的紅色衣服最帥了！我穿上紅色的衣服和褲子，再將紅色頭巾剪出兩個洞，當成面罩來遮住臉。準備完畢後，我滿意的看著鏡子裡的自己。

　　從今天開始，我就是全身紅色的英雄──紅衣超人！

　　我把小隕石放在掌心，再握緊拳頭。

　　小隕石，幫助我用超能力抓住銀行搶匪吧！偉大的超能力，快在我體內發威，讓我用神奇的力量，成為正義使者，擊退邪惡勢力吧！

超能力小百科

地球能用槓桿舉起來？

　　爸爸今天教了我槓桿原理和運用槓桿原理的工具，有了它們，即使力氣很小，也可以移動很重的東西，或是達到節省施力距離的效果。舉例來說，想舉起 100 公斤的東西，對普通人來說是很困難的事，但是運用槓桿，只要把支點與東西的距離設定為一公尺，再把支點到施力點的距離設定為 10 公尺，那麼只要用十分之一的力量，就可以舉起 100 公斤的東西。換句話說，想用槓桿舉起 100 公斤的東西，只要使出 10 公斤的力氣就可以了。

　　同樣的道理，如果想舉起重達 1000 公斤的大象，只要把支點與大象的距離設定為一公尺，再把支點到施力點的距離設定為 1000 公尺，那麼只要用一千分之一的力量，也就是一公斤的力氣，就可以舉起大象。

　　既然槓桿原理這麼神奇，難道真的像那個名叫阿基

米德的科學家所說，只要有一個支點，就可以把地球舉起來嗎？我努力的翻書和上網找資料，結果讓我非常驚訝——答案是肯定的。

如果想以 60 公斤的力氣來舉起地球，需要多長的槓桿呢？經過科學家反覆的計算，終於找出這個問題的答案：槓桿的長度大約是 10569931 光年。光年是光一年能前進的距離，而光每秒可以前進 30 萬公里左右，所以這根槓桿必須超級無敵長！

既然運用槓桿舉起地球這件事並非不可能，那麼將來說不定會有和我一樣具備旺盛好奇心的地球人或外星人，可以製造出這麼長的槓桿來舉起地球喔！

我舉起大象了！

超級英雄
的共同點！

「呵呵呵……」

我聽到一陣讓人很不舒服的奇怪笑聲，回頭一看，有一個全身上下都是黑色打扮的男人，從牆壁裡走出來。

我嚇得轉身逃跑，但是那個男人又從另一面牆壁裡走出來。無論我跑到哪裡，他都會搶先一步，穿過牆壁來擋住我的去路。

我無處可逃，雙腳也因為驚嚇而不停的發抖，最後我只能渾身無力的癱坐在地上。

「你是誰？」

「呵呵呵……」

「你到底是人還是幽靈？」

那個男人沒有回答我的問題，只是一直對著我笑，接著慢慢朝我走來。

「我終於找到你了！」

「哇啊！」

我渾身是汗的從床上坐起來，過了一會兒才冷靜下來，看來我又做惡夢了。

　　從第一起銀行搶案發生到現在，已經超過一個月了，雖然還沒抓到搶匪，不過值得慶幸的是，沒再發生同樣的事件了。原本經常在我們社區和學校附近巡邏、調查的警察，最近也沒出現了。

　　那個能穿過牆壁的銀行搶匪到底躲去哪兒了？希望警察可以趕快抓到他，我可不想再做被搶匪追逐的惡夢了。

　　儘管很想忘記昨天晚上做的惡夢，不過到了學校，大家討論的還是銀行搶匪的事。

　　「我聽說那個銀行搶匪其實不是人類，而是外星人！」

　　「外星人為什麼要偷地球的錢？」

　　「他們想要的不是錢，而是要讓地球上的錢都消失，這樣地球人的生活就會亂成一團。你想想看，如果地球上的錢都被偷走，我們是不是就活不下去了？」

　　「對耶！沒有錢，我們就不能買東西吃，也不能買遊戲玩，真可怕！」

　　「不過沒錢繳學費，我就不用去補習班啦！」

　　「傻瓜，那你也沒錢來上學囉！」

「如果外星人把地球上的錢都偷走，我們沒錢可用，應該會餓死吧！」

「那他們就可以趁機入侵地球，我們都會變成外星人的僕人喔！」

我坐在自己的座位上，假裝在發呆，其實是在聽班上同學熱烈的討論。但是他們天馬行空的想像，讓我忍不住想翻白眼，還好我克制住了，否則被其他人看到就不知道怎麼解釋了。

唉！即使把地球上的錢都偷走，政府只要命令印鈔廠再印鈔票、造幣廠再造硬幣就好，外星人怎麼可能連這麼簡單的道理都不懂！

如果真的想入侵地球，以外星人比地球人更先進的科技和武器，肯定輕鬆就搞定了，才不用做這麼拐彎抹角的事，所以銀行搶匪絕對不是外星人！

雖然我非常有把握，銀行搶匪絕對不是外星人，不過我不想突然跑過去和同學討論，還發表和大家相反的意見，這樣很有可能會被他們當成是愛出鋒頭的人，因此這件事我只放在心裡，沒有和其他人說。

放學後，我和熙珠一起走回家，當我們走到某個路口時，熙珠突然東張西望，看起來心神不寧的樣子。

「熙珠，你在找什麼？」我忍不住開口問她。

「我在想那個銀行搶匪會不會躲在這附近？我在網路上看到許多關於搶匪的推測，有人說他其實是幽靈，而且是會詛咒人的幽靈！」熙珠露出害怕的表情。

「會詛咒人的幽靈？」

「對，聽說是沒錢吃飯而死掉的幽靈，所以才會一直去銀行偷錢。而且這個幽靈的頭可以拿下來

給我錢！

哇啊啊！

108

並放進包包裡，如果發現有人跟蹤，他就會把頭放在手上，或是從包包裡拿出來嚇人！最可怕的是，只要和這個幽靈四目相對，就會被他詛咒！」

熙珠的話讓我想起看到那個戴棒球帽的男人之前，路邊阿姨們的對話。比起外星人，還是幽靈更可怕！如果銀行搶匪真的是幽靈，而且是肚子餓的幽靈，那他的個性一定很凶，因為我肚子餓的時候，心情都會很差。

此時，有一個穿著灰色大衣的男人出現在我們前方的路上，他邊走路邊東張西望，有時低頭看地面，或是用手摸旁邊的圍牆。

一看就很可疑！

「噓！」

我讓熙珠不要發出聲音，然後和她一起躲到電線桿後面，繼續觀察那個可疑的男人。

那個男人觀察完四周的環境後，接著朝圍牆走去，然後就消失不見了！

他穿過了牆壁！難道那個男人就是銀行搶匪？

「幽靈……詛咒……」

熙珠被嚇得全身發抖，連話都說不好。雖然我也很害怕，但是為了保護熙珠，我必須像個男子漢挺身而出！

「熙珠，你有帶手機嗎？我們要趕快報警！」

等心情稍微平復後，熙珠用發抖的手從書包裡拿出手機。不過就在這個瞬間，我們前方不遠處傳出一陣「咻」的聲音，我趕緊看向聲音的來源，發現那個穿過牆壁後消失的男人，竟然又從那面牆壁裡出來，然後若無其事的離開。

再次目睹這麼不可思議的情況，讓我的腦袋一片空白，一會兒後我才回過神來，接過熙珠的手機，立刻打電話給警察。

「你好，我和同學看到了一個可以穿過牆壁的可疑男人，應該就是那個銀行搶匪！我們的位置在……」

好不容易和警察說明完我們遇到的狀況後，我掛上電話，把手機還給熙珠，這才發現她早就被接二連三的奇怪情景嚇得淚流滿面。

我們在原地休息了一陣子，為了安撫熙珠，我還說了一些在網路上看到的笑話，等她冷靜下來後，我們才繼續走回家。

「熙珠，別擔心，警察很快就會把那個搶匪抓起來！」

過了一會兒，我們聽到不遠處傳來警車鳴笛的聲音，熙珠因此放下心來，但偶爾還是會害怕的四處張望。我很擔心她，所以送熙珠回家後，我才轉身走回家。

不能再等了！我必須趕快讓自己的超能力變得更完美，這樣就可以透過知道銀行搶匪想法的超能力，幫助警察抓住他，熙珠就不會再害怕了！

從那一天開始，我每天放學後都會去圖書館，閱讀許多關於科學的書籍，再把書裡的重點寫在筆記本上。

雖然新的超能力遲遲沒降臨到我身上，不過我知道，這是因為我沒學到關鍵的科學知識。我不需要急躁，只要繼續累積更多知識，也許某天會像之前一樣，突然就能擁有新的超能力了。

與此同時，我還要學習喚醒和控制超能力的方法。因為它們總是來去匆匆，不知道什麼時候出現或消失，這樣別說是用超能力抓住銀行搶匪，我沒因此被扯後腿就很好了。

星期日的早上，我和爸爸一起騎自行車出門，爸爸想藉由運動來放鬆工作的壓力，我則是想鍛鍊身體，為將來當上超級英雄做準備。

我的背包裡除了水壺和毛巾，還放了我的變身裝備——紅色衣服、褲子和面罩，如果遇到緊急狀況，我隨時都可以換裝，出動執行任務。

我和爸爸騎了一陣子後，看到自行車道上停了一輛大卡車。由於大卡車擋住整個車道，我們無法通過，只好停下車，牽著自行車往前走。

當我們靠近仔細一看，原來是搬家公司正在搬運幾個很大的箱子。

「這些箱子真重！搬了這麼久，還是搬不完！大家休息一下吧！」

其中一位叔叔說完這句話後，其他人紛紛露出

鬆了一口氣的表情。接著他們放下手上的大箱子，拿起水大口喝下或用毛巾擦汗。

　　如果我擁有可以變成大力士的超能力，我一定會立刻換上我的超級英雄裝，去幫這些叔叔們搬東西。有困難的人們，請再等我一下，我得到不同的超能力後，就會馬上去幫助你們！

　　爸爸突然停下腳步，把自行車停好後，他走到叔叔們身旁。「只用雙手搬太累了，你們可以運用斜面輔助，這樣就能輕鬆搬完了。」

　　聽完爸爸的話後，叔叔們紛紛露出恍然大悟的表情。

「原來有這種方法！」

於是叔叔們從卡車上拿出一塊大板子，一端固定在卡車尾部，另一端則固定在地面。然後把箱子放在板子上，再從地面往卡車上推，沒多久，箱子就順利搬到卡車上了。其他箱子也用同樣的方式搬運，沒一會兒，箱子就全部搬上卡車了。

相較於剛剛用雙手搬運，叔叔們搬一個箱子就筋疲力盡的模樣，現在全部的箱子都搬完後，叔叔們看起來仍然游刃有餘。

「大哥，你真聰明！謝謝你！」

順利完成工作的叔叔們紛紛向爸爸道謝，爸爸一臉「這不算什麼」的表情，讓我覺得他真是帥呆了！我不禁用尊敬的眼神看著爸爸。

「爸爸，你怎麼會想到這麼棒的方法？斜面又是哪一位科學家發明出來的？」

因為我想問爸爸關於斜面的問題，所以和叔叔們道別後，我和爸爸牽著自行車，一起走回家。

「斜面不是被科學家製造出來的發明品，而是本來就存在於生活中的原理。其實在很久以前，人們就已經利用斜面來搬運東西了。你知道埃及的金字塔吧？有一些科學家認為，以前的人就是利用斜面來搬運那些又大又重的石塊，才能建造出壯觀的

金字塔。此外,在古代的中國、希臘等地,也都有過關於斜面的記載。」

我想起在電視上看過的金字塔,的確,如果沒有斜面,怎麼搬運那些巨大的石塊呢?以前又不像現在有起重機等大型機具,光靠人的手太困難了!

「假設我們要搬運一塊大石頭到高處,有『把石頭直接從地面往上拉』,和『利用斜面將石頭往上推』這兩種方法。因為是同一塊石頭,這兩種搬運方式的工作量是一樣的,不過利用斜面搬運的距離,比直接往上拉的距離更遠,但是利用斜面,可以只用比較小的力氣就完成這件事。」

看到叔叔們的表情,就可以明顯的感覺出,利用斜面搬運更輕鬆,他們向我們揮手說再見時都笑咪咪的,和一開始氣喘如牛的樣子很不一樣。

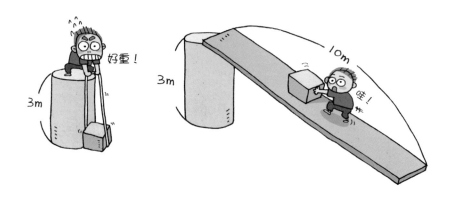

「爸爸，爬山也是同樣的道理嗎？有一次爬山的時候，我選擇了『環山路線』，發現步道都是彎彎曲曲的，一直繞著山走，我覺得很浪費時間。後來再爬同一座山時，我就選擇了可以直接爬到山頂的『攻頂路線』，雖然比較節省時間，很快就爬上山頂了，可是過程非常累，不像選擇『環山路線』時還可以邊走邊聊天。」

「沒錯，你舉的例子非常棒！所以山區的道路通常都是彎彎曲曲的，讓車輛藉由繞著山行駛，緩慢的上山及下山，這樣比較安全。」

聽完爸爸的說明後，我突然有種熟悉的感覺──這是新的超能力降臨到我身上的訊號！雖然想立刻試試到底是怎樣的超能力，不過萬一被爸爸發現我有超能力就糟了，於是我不動聲色，和爸爸一起走回家。

　　我們回到家剛好是午餐時間，我幫媽媽放餐具時，就知道了這次降臨的是怎樣的超能力──看來我真的變成大力士了！因為我只是稍微用了點力，兩根湯匙和三雙筷子就被我折斷了！

　　我立刻把斷掉的湯匙和筷子丟進垃圾桶，以免被爸爸、媽媽發現，午餐也只吃了幾口，就回到自己的房間。我怕一個不小心，家裡的東西就被我這還無法完全控制的超能力破壞。

　　我的超能力似乎還在變強，因為我的手部肌肉就像參加比賽的健美選手，一直不停的抖動。為了避免自己闖禍，我和媽媽說要去圖書館，就趕快牽著自行車出門。

　　我騎了一會兒，就聽到後方傳來刺耳的警笛聲，接著好幾輛消防車呼嘯而過。我抬頭一看，發現有個地方正在冒黑煙，應該是發生了火災。

我用力踩了幾下踏板，就追上了消防車，我們
幾乎同時趕到火災現場。

　　紅色的火焰不斷冒出，黑色的煙霧遮住大半天
空，原來是我們家附近的家具工廠發生火災了。

　　我把自行車停好後，站在離火場有一段距離的
地方，觀察火災的情況。

整棟建築物好像快被火焰和煙霧吞沒，雖然有很多消防員和消防車到場滅火，不過火勢依然猛烈，沒有趨緩的跡象。

　　此時，有幾位消防員從火災現場跑出來，著急的回報裡面的狀況。

　　「這間工廠是製造家具的，裡面有很多容易起火的木材。更麻煩的是，現在風很大，火勢不斷被風助長，讓滅火工作更困難了！」

　　忽然間——

　　「救命啊！快來救救我！」

　　工廠四樓的窗邊有一位來不及逃生的阿姨，正驚恐的發出求救聲，但是火勢實在太大，即使是全副武裝的消防員，也不敢貿然跑進火場。

　　圍觀的人都緊張的握緊雙手，恨不得自己能衝進去救人，我也緊張得心臟怦怦跳。

　　此時，好像有一陣冷風吹在我的額頭上，接著我的眼前一片空白，全身的血液似乎都在瞬間流進腦袋裡，手臂的肌肉不受控制的猛烈抖動，連我放在鼻孔裡的小隕石也開始變熱。

　　我知道，這些奇妙的狀況代表超能力降臨到我身上了！

　　怎麼辦？有誰可以救救她？

真危險！如果有超人出現就好了！

圍觀群眾的想法不斷進入我的腦袋裡，彷彿在說給我聽似的。向來不知道何時會出現或消失的超能力，剛好在這個時候出現，這代表什麼呢？

看來現在就是我使用超能力的最佳時機！

我走到沒有人的角落，打開背包並換上我的超級英雄裝，接著騎上自行車，迅速衝向還在燃燒沖天大火的家具工廠。

「那個人要做什麼？」

「快阻止他！」

消防員和圍觀的路人看到我衝向火場，紛紛發出尖叫聲，不過此時我已經快騎到工廠，沒有人可以阻止我了。

工廠四周有如一片火海，雖然我有超能力，但我的自行車沒有，所以我把車停在不會被燒到的地方，然後跑進工廠內。

雖然工廠裡的火勢很大，溫度應該也很高，但是多虧了超能力，我一點都不覺得熱或燙，全身反而像是吹了冷氣般的涼爽。

救命……

我的腦海中出現了微弱的求救聲，應該是超能力讓我知道那位阿姨的想法，藉此提醒我現在的狀況非常緊急！

我想立刻跑到四樓去救那位阿姨，可是煙霧實在太濃了，不熟悉工廠構造的我根本找不到樓梯。

我邊用手試著揮散眼前的濃煙邊往前走，此時，一臺電梯出現在我眼前。但工廠因為火災而斷電了，所以即使我按了很多次按鈕，電梯仍然一點反應都沒有。

「這時應該使用電的超能力。」

沒有任何人提醒我，我卻知道這個時候應該用什麼超能力。

我用力搓揉雙手後，我的手就發出滋滋的電流聲，按下按鈕就成功讓電梯恢復運作了。接著我跑進電梯，順利抵達四樓。

　　雖然四樓也是濃煙密布，不過我立刻就找到了那位阿姨的身影。

　　「阿姨，快醒醒！我來救你了！」

　　我用力搖動倒在地上的阿姨，她卻沒有半點反應，看來已經被濃煙嗆暈了。

　　雖然阿姨的體重大概是我的兩倍，但是她的呼吸越來越微弱，火勢也越來越猛烈，我只能靠自己把阿姨帶離火場了。

　　我用力深呼吸，然後彎曲膝蓋、握緊雙手，集中精神來發動大力士的超能力。接著，我的肌肉抖動，全身充滿力量，看來超能力真的啟動了！

　　我雙手一抬，就把和棉花一樣輕的阿姨舉了起來，搭乘電梯回到一樓。

　　電梯門一打開，我發現火勢比剛才更驚人，我一走出電梯，立刻被熊熊大火包圍，完全看不到前進的路。雖然我有超能力所以不怕火，但是阿姨該怎麼辦呢？

　　「喔啊啊啊！」

　　我再次聚集全身的力量，忽然間，我覺得自己的嘴巴裡似乎裝了一臺大型冷氣，於是我張口一吹，先把自己和阿姨周圍的火吹熄，再一路吹向工廠的出入口，接著立刻衝出去。

　　「他們出來了！」

　　看到我順利救出阿姨後，圍觀群眾都感動得尖叫和拍手，讓我覺得開心又害羞。

把阿姨交給救護人員後，我立刻被圍觀的群眾包圍。

　　「你沒事吧？請問你是誰？你是怎麼從大火中把人救出來的？」

　　為了避免自己的聲音和模樣被親朋好友認出來，所以我不發一語，迅速穿越人潮，騎著自行車就離開現場。

　　在回家的路上，我找了個沒人的角落，換下超級英雄裝並收進背包裡。直到回家，關上房門，只剩下我一個人的時候，我才鬆了口氣，為自己第一次的任務成功而高興的在床上滾來滾去。

　　哇！我救了一個人！我真的成為超級英雄了！

　　晚餐時，我們全家人就像平常一樣，一起在餐桌上享用美味的料理。此時，新聞節目突然播放關於那起火災的特別報導，記者站在被燒到幾乎只剩下骨架的家具工廠前，開始說明事件的經過。

　　「有一位英勇的市民衝進火場，救出了家具工廠內的受困者。根據目擊者描述，這位市民身穿紅色的上衣和褲子，還戴著紅色的面罩，所以現場的圍觀群眾都叫他紅衣超人。

　　沒有人知道紅衣超人是誰，他也沒透漏任何消息，救完人後就迅速離開現場。相關單位希望頒發

感謝狀給這位熱心人士，因此希望紅衣超人能與他
們聯絡，或是任何人有關於他的線索……」

　　新聞節目播出的這段影片，就是我把阿姨帶離
火場，並把她交給救護人員的片段。

　　擔心爸爸、媽媽看到後，會認出那個紅衣超人
就是他們的兒子，於是我用力眨了一下眼睛，想試
試看能不能發揮之前用眼睛遙控電視的超能力，沒
想到電視真的切換頻道了。

　　「怎麼回事？電視故障了嗎？」

　　好險！爸爸、媽媽的話題轉移到電視上，火災
的新聞很快就被他們遺忘了。

我最喜歡的這句話：「只要用力想像，人類就有可能讓夢想成真！」說得果然沒錯！在危急的時刻，人類能發揮自己潛在的能力，不對，是能發揮出超越自己潛在能力的力量，所以夢想才能成真！

　　解救困在火場的阿姨！
　　第一個任務成功！
　　　　　　　　　　紅衣超人

　　我用藍筆在筆記本上寫了這段話，除了留下值得紀念的第一次任務記錄，也提醒自己超能力就應該用來幫助別人。

　　隔天放學，我走在之前和熙珠遇見銀行搶匪的路上。那天我們報警後，雖然警察盡快前往現場了，但是晚上的新聞節目都沒有相關的報導，看來又被那個搶匪逃走了。

　　獨自走在這條路上，雖然有點害怕，不過有了昨天成功救出阿姨的經驗，如果銀行搶匪再次出現，我應該可以鼓起勇氣，運用超能力來抓住他。

　　我躲在陰暗處，眼睛一直看著四周，保持警戒來應對會穿過牆壁的銀行搶匪。

　　此時，突然有人從後面拍了我的肩膀。

「哇啊！」

轉頭就看到一個因為背光而看不清楚長相的人，我被嚇得後退了一步，直覺就認為是之前遇到的銀行搶匪。

「超能力，快降臨吧！」

我高高舉起雙手，大聲吶喊，試著召喚超能力降臨到我身上。但是等了很久，都沒有像之前一樣的奇妙感覺出現，讓我急得再次大吼，希望快點擁有超能力。

「神奇的力量，趕快醒來吧！」

冷風把落葉吹到我的臉上，超能力依然沒有降臨的跡象。

「同學，你在做什麼？」

男人朝我靠近了一步，讓我嚇得差點跳起來。

「別過來！我要報警囉！」

超能力不管用，我只好拿出口袋裡的手機，試圖嚇阻對方。

看到我的動作後，男人也伸手在自己的衣服口袋裡找東西。

難道他要使用武器嗎？想到這個可怕的假設，怕痛的我立刻舉起雙手投降。

「對不起！請饒我一命！我年紀還很小，還有

很多事沒做！」

男人笑了笑，接著把他從口袋裡拿出的東西放在我眼前。

「警察的證件？」

「沒錯，你不用打電話報警，因為我就是警察，我叫吳金順。」

我有點懷疑的看著眼前的人，不知道該不該相信他。

「叔叔，你找我有什麼事？」

「你在這附近看過可疑的人嗎？」

我假裝回想，其實是在考慮要不要把和熙珠遇到銀行搶匪的事說出來。我仔細思考後，決定還是別說了，萬一眼前這個男人就是搶匪，只是裝成警察來騙我呢？那我不就完蛋了！

「沒有，但是我聽過很多可疑的傳聞。」

「譬如說？」

「銀行搶匪其實是外星人，他們為了入侵地球，所以要偷走全部的錢，這樣我們沒錢吃飯，肚子就會餓得無法抵抗了。」

「真誇張！還有呢？」

「銀行搶匪其實是沒錢吃飯而死掉的幽靈，會把頭放在手上或包包裡來嚇人，和他四目相對就會

被詛咒。」

「越來越離譜了！」

我擺出一臉無辜的表情。「叔叔，銀行搶匪到底是外星人還是幽靈？」

「都不是，是普通的人類！雖然這個銀行搶匪的犯案手法確實高明，但是我們警方已經發現他的行蹤了！」

我好奇的想進一步詢問，不過警察叔叔的手機突然響了。

「你好，我是吳金順。是的，我認為出現在家具工廠火災現場的那名紅衣人士，和銀行搶匪有

某種程度的關聯性，因為他們都擁有與眾不同的能力，一般人根本不可能辦到！」

警察叔叔的話讓我有如被淋了一盆水般，全身冰冷。竟然說我和銀行搶匪有關聯性！我明明是做好事的超級英雄！

講完電話後，警察叔叔和我打了聲招呼就急急忙忙的走了，我愣愣的看著他的身影慢慢消失在視線範圍內，不知道如何是好。

難道紅衣超人才剛登場，就要遇到史上最大的危機了？這樣下去，我會不會被當成犯人抓起來？

國家圖書館出版品預行編目（CIP）資料

超能金小弟2神祕穿牆人 / 徐志源作；李真我
繪；翁培元譯. -- 初版. -- 新北市：大眾國際書局,
西元2021.12
136面；15x21公分 . -- (魔法學園；4)
ISBN 978-986-0761-18-4 (平裝)

307.9   110016746

魔法學園 CHH004

超能金小弟 2 神祕穿牆人

作　　　者	徐志源
繪　　　者	李真我
監　　　修	智者菁英教育研究所
審　　　訂	羅文杰
譯　　　者	翁培元

總　編　輯	楊欣倫
執 行 編 輯	徐淑惠
封 面 設 計	張雅慧
排 版 公 司	菩薩蠻數位文化有限公司
行 銷 統 籌	楊毓群
行 銷 企 劃	蔡雯嘉

出 版 發 行	大眾國際書局股份有限公司 大邑文化
地　　　址	22069新北市板橋區三民路二段37號16樓之1
電　　　話	02-2961-5808（代表號）
傳　　　真	02-2961-6488
信　　　箱	service@popularworld.com
大邑文化FB粉絲團	http://www.facebook.com/polispresstw

總 經 銷	聯合發行股份有限公司
	電話　02-2917-8022　　　傳真　02-2915-7212

法 律 顧 問	葉繼升律師
初 版 一 刷	西元2021年12月
定　　　價	新臺幣250元
I S B N	978-986-0761-18-4

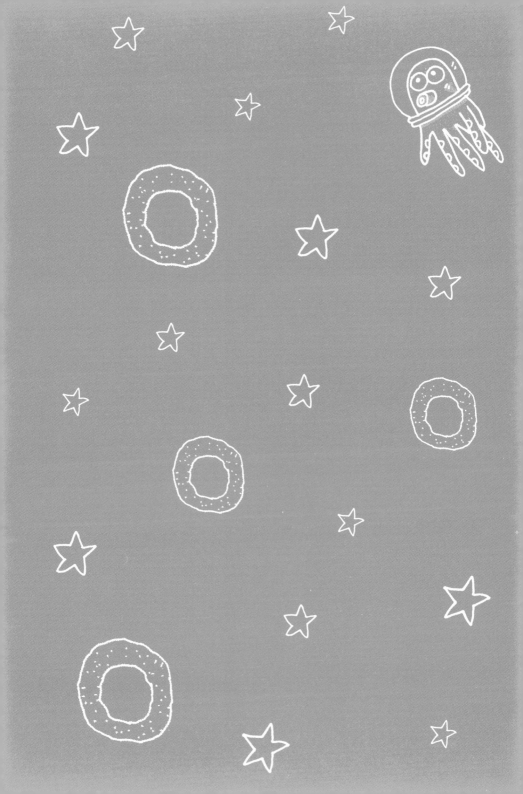